守護黑熊

和諧共存的保育之路

山崎晃司 著
台灣黑熊保育協會 譯
黃美秀 審定

五南圖書出版公司 印行

推薦序

不只是吉祥物，牠也是猛獸

黑熊在你心中是什麼樣的形象呢？

近年瀕危野生動物保育教育的推廣與紮根，加上失怙的南安小熊、廣原小熊，以及亞成體崁頂小公熊等成功救援野放案件廣受矚目，都引發民眾對於台灣黑熊的關注。在國人心中，台灣黑熊已逐漸成爲「台灣」的代表，「讓熊返回森林的家」也成爲許多人內心的殷殷企盼。

然而都市人心中的黑熊，大多停留在吉祥物的層次。如熊讚、熊本熊（Kumamon）等圓滾滾、在各大活動場合耍寶賣萌的可愛形象，或是社群媒體上頻繁曝光的廣原小熊、南安小熊幼年時，在人爲照養期間睜著無辜圓眼的可愛模樣。在台灣，由於實際看到野生黑熊的機率極低，對於黑熊的眞實野生樣貌，以及遇到熊該如何應對，乃至於同理山區居民面對的潛在風險，仍是需要努力推廣的保育教育觀念。

我們必須認知到這群山中的王者是體型相當於成

人、且力量驚人的食肉動物。台灣黑熊是亞洲黑熊七個亞種之一，幸而在我們記憶所及範圍內，本書描述的各類驚悚黑熊殺人事件都未在台灣發生過。

民眾對黑熊的友善態度是台灣黑熊保育的優勢，但若欠缺正確認知，卻可能成爲隱憂，近年台灣出現第一起救傷後野放，卻有滋擾農舍紀錄的東卯山大公熊（編號711），如何在確保「人熊安全」的情況下，讓牠返回森林的家，是林務局及各相關專家學者與在地居民努力的目標。

本書分析亞洲黑熊的分布、黑熊傷人事件的可能原因，以及黑熊造成的農損型態，並提出在捕殺之外，各種可嘗試的保育管理模式，都非常值得台灣作爲參考與借鏡。

近年林務局致力於規劃遇熊通報、處理、預警、驅離的機制與處理流程，同時宣導無痕山林，提醒登山客將垃圾、食物、廚餘收妥並帶下山，亦分析潛在有熊出沒的原住民部落區域，加強推廣山村居民遇熊注意守則等，希望人熊和平共存，讓台灣黑熊在自然環境內得以永續生存。

嘗試理解是接近眞實的第一步，期待翻開本書的你，也能走進可愛黑熊背後的保育議題，眞正來到「有熊國」。

林華慶

行政院農業委員會林務局局長

推薦序

熊是陸地上最大型的食肉目動物

熊是陸地上最大型的食肉目動物，長期以來是人類既敬畏又想獵殺的對象。按照「熊」的中文字體來看，熊是屬於有「能力」的四隻腳動物，換句話說，牠是在野外學習力強，且適應力好的動物。不過就如一萬年前以來，已經絕滅的大型陸上動物如猛瑪象等，當一旦遇到人類就會變成弱者。而分布在亞洲地區的黑熊也不例外，近三十年來，亞洲黑熊的野外生存命運可以說是每況愈下，國際自然保護聯盟（IUCN）紅皮書已將亞洲黑熊列入瀕危物種，其族群數量減少30～50%，估計未來三十年若以相同速度減少，牠將會走入滅絕的命運。

比較特別的是，日本地區的亞洲黑熊生息現況，反而與亞洲其他各國頗有差異，甚至可以說非常突出。因爲亞洲各國的黑熊族群持續減少，雖然日本有些地區如九州已不見黑熊存在，但是日本本州的黑熊分布與數量，卻維持穩定或增加，也因此出現愈來愈多所謂的「人熊衝突」，尤其是山林工作者，其被熊傷害的事件所衍伸之社會問題。日本東京農業大學山崎晃司教授這本科普專書，就是要去除亞洲黑熊的神祕面紗，讓更多民眾了解黑熊的習性，更要提醒大家，黑熊保育工作需要具備充分的科學數據與理性的思考判斷。山崎教授非常不贊同極端「去黑熊化」或「黑熊絕不容獵殺」的立場，他從野生動物經營管理角度來看，極端去除與極端保護黑熊的主張，兩者對於黑熊保育工作都是片面性且無效的。

的確，在日本社會輿論存在著「黑熊看到都該殺」與「不容動黑熊一根毛」的主張，兩者皆各自角力爭辯不休。山崎教授寫這本書的主要目的，就是要凸顯出所有在山林野外盡心盡力研究調查黑熊的學者們（和我們台灣相比，實在汗顏，因爲我們研究黑熊的學者專家實在太少了），他們多年辛苦努力獲得的黑熊資料，是可以站在客觀立場來論述上述的矛盾問題。不可否認的是，一般日本民眾對黑熊的看法，只存在於動物園裡遠觀牠們巨大的黑濃濃身影，此與曾在山區正面撞上黑熊的民眾看法可能完全不同。前者感覺美好，後者卻心生恐懼。於是如山區民眾與登山客等被黑熊「嚇過」的人，確實較難心平氣和地支持學者的保育管理主張。這本書彙整許多研究成果，其目的就是要化解如此情感的差異，山崎教授也很謙虛地強調，相關日本黑熊研究目前還是有限，未來更需要加強。

我們台灣民眾包括原住民對台灣黑熊的看法，與日本相比卻有所不同。早年台灣黑熊因經濟價值高而被獵殺販賣，之後野生動物保育意識高漲，黑熊被列入瀕臨絕種動物保育名錄，大家也就特別重視台灣黑熊的存亡，是屬於不容動黑熊一根毛的主張。但因最近台灣黑熊侵入山區的農地或工寮，大家開始重視未來若有人熊衝突事件該如何處理。山崎教授這本書幫我們指出一條途徑，他以日本奧多摩淺山黑熊族群早在村落外圍活動之例而言，認爲應積極地讓當地居民了解此事，大家一起思考阻止黑熊靠近村落的辦法，或許能未雨綢繆避免令人遺憾的人熊衝突。掌管台灣山林與野生動物事務管理的林務局，也已經委託一些研究單位機構、學會等加強舉辦在山地部落進行黑熊保育宣導的工作坊，其中還包括推廣改良式獵具，藉以減少黑熊誤踏，避免造成斷掌之不幸。記得二〇一五年時，我曾邀請山崎教授來台參加「台日野生動物危害防治研討會」。會後參訪行程時，他告訴我說，台灣民眾目前對於黑熊保育認知較屬於道德性的完全保護，雖是可喜之事，但台灣需要更多黑熊的基礎生物與生態學的研究調查資料。除了要培育更多年輕一代投入此工作之外，也需要更多的科學證據，才能導入更妥善的經營管理之政策擬訂與執行。透過閱讀本書，我們或許可以如山崎教授所說，當漫步在可能出現黑熊這類大型野生動物的森林小徑時，難免會緊張，但卻也因此有樂趣（前提是要清楚如何自我保護的方法，且不要喧擾黑熊）。我相信如果屬於森林生態系重要一環的台灣黑熊不見了，森林魅力和它的生態功能將會大大降低，除了直直挺立的樹木，也需要有黑熊等野生動物棲息，才更有生生不息的味道。當然我們必須學習與黑熊共存的相處之道，減少黑熊誤闖誤入的引誘物，因爲有良善的森林及其周邊環境，黑熊也會有良善的行爲表現。我衷心盼望，最好不要出現某一天，台灣黑熊竟變成是製造衝突與麻煩的危害種類。

林良恭
靜宜大學人文社會學院兼任講座教授
東海大學生態與環境研究中心研究教授
lklin@thu.edu.tw

審定序

從日本經驗透視台灣黑熊之保育未來

當認識二十餘年的好友山崎晃司把書拿給我時，我的第一個想法就是，想把它翻譯成每個台灣人都讀得懂的中文書。山崎研究日本黑熊已有三十年的豐富經驗，本書不僅彙整近年來日本黑熊科學研究成果，並剖析經營管理現況和挑戰，堪稱權威著作。對於近年來，許多熱心民眾和民間組織（如台灣黑熊保育協會）積極推動和參與台灣黑熊保育事務，以及政府管理單位也逐漸重視之際，台灣黑熊保育或可謂剛起步，可能會遭遇很多問題甚至困境，因此有必要翻譯此書作爲參考。

在日本，和台灣黑熊同樣胸前有V字型淡黃色胸斑，在日本稱爲「日本黑熊」，兩者皆屬亞洲黑熊的同種，而各屬於七亞種中的不同亞種，也是唯一兩種島嶼型的亞種。這些分散在亞洲十八個國家的黑熊，相關比較研究不多，故很難說出外型或習性的差異。

但在生態習性上，最大的差異應該是溫帶或寒帶地區，如日本、韓國、中國等，黑熊會冬眠，然在亞熱帶如台灣或泰國等地，黑熊則一年四季活動。其它食性和行爲模式雖因地而可能略有差異，但大致上行爲模式仍很相似，如森林性、雜食性且以植物爲主食，對人敏感而多採趨避。也因爲這樣，這本書對於想更深入了解台灣黑熊的讀者，應該可以大大滿足其求知慾。

在亞洲黑熊分布的十八個國家中，在多數國家都是受到保護的，顯示野外族群不如想像中的理想，或其威脅壓力不減。其中科學研究起步最早，且累積研究資訊最多的應屬日本黑熊，不僅是因爲日本政府很早便落實歐美式的熊類經營管理策略，有管制地開放狩獵，並且與學者和民間組織合作研究，甚至管理黑熊族群，日本黑熊在多數地區其族群仍是相當活躍，甚至在有些地區增加到讓管理單位頭痛的狀況。

日本過去四百多年爲了發展經濟砍伐森林，一直到二十世紀末，黑熊長期苟延殘喘。所幸這些年森林恢復蓊鬱，黑熊數量回升，但卻埋下「人熊衝突」的隱憂。也就是說，日本近三十年來森林全面恢復茂密，加上狩獵人口凋零下降，山豬、鹿和黑熊等動物同步增加，但這卻妨礙「森林經營業者」之利益，因爲這些動物會大肆啃食經濟性作物，而成爲「害獸」。在二〇〇六年，因日本板栗等殼斗科果實歉收，故黑熊滋擾事件頻傳，竟有高達約四千頭的日本黑熊因而被撲殺，數據令人怵目驚心，次年遂緊急召開相關論壇，我因此受邀與會。

但另一方面，日本黑熊保育卻也遭遇嚴峻挑戰，在兩個大島上，狀況全然不是這般，如在九州，黑熊早已消失殆盡，僅剩代言動物「熊本熊」（Kumamo）；另在四國，野外數量估計也僅剩十幾頭而已。本書作者山崎教授不禁擔心，會不會一不小心，日本全國的黑熊也遭遇像目前四國或九州黑熊族群瀕臨滅絕，或已滅絕之悲慘命運？何以同處一國，黑熊卻是異地兩樣情，作者在本書（第四章）做了深入的剖析，並介紹了許多的科學研究方法。我長期從事台灣黑熊研究與保育，當然不希望台灣黑熊遭遇類似的厄運。

相較於台灣，或其它飽受非法狩獵和野生動物買賣威脅的國家而言，日本的黑熊族群前景看起來令人稱羨。然而家家有本難唸的經，因爲熊類的經營管理議題，經常因自然環境、管理，尤其是文化和政經條件的變遷，而有很大差異。日本黑熊的故事道盡了熊與人類的複雜關係和情愫，以及其中的演變歷程。

我認爲，關鍵因素都在於人類大幅地改變了黑熊賴以爲生的自然棲息環境，如此擾亂降低了自然環境資源的豐富度和穩定度，導致野外結果季歉年時，急待在冬眠入洞前須飽餐一頓的黑熊餓肚子，只好鋌而走險靠近人類活動的農地或村落。加上多數民眾對於因應黑熊的資訊不足，導致人熊衝突的程度加劇。後果當然是可想而知，惹事或其他無辜的黑熊被撲殺，媒體以血腥的「食人魔」大肆報導，民眾因此感到恐慌，甚至嫌惡黑熊。這是目前日本黑熊正在上演的故事。因此，當四國黑熊談及瀕危族群復育時，最大的阻力則來自民間，因爲本州地區上演的熊傷人或致死的負面報導不斷，負面陰影難以抹去。

您不覺得日本的情節似乎並不陌生嗎？不同的是，日本在有些地區，如長野縣，其有相當完備的經營管理措施和因應處理流程，甚至委託相當專業的民間組織協力管理。日本黑熊數量增加、往低海拔擴散產生人熊衝突，「熊殺人」造成民眾恐怖心理傷害，筆者未雨綢繆懇切呼籲，政府應擬定配套經營管理計畫，撥款實施全國森林性大型野生動物族群數量普查。因此，這本書同時詳實地反映出身爲一位野外研究者的所見所聞，並說明了近代黑熊經營管理的脈絡和狀況，十分值得台灣借鏡。

台灣黑熊在台灣仍爲瀕臨絕種保育類野生動物，目前野外數量估計僅有數百頭，而且威脅野外族群的壓力仍未止息，然而或許我們還可以稍感安慰的是，台灣黑熊近年來在民間和政府單位的奔波努力下，已經獲得相當的關注和肯定。奠基於此有利的基礎上，國人若能進一步透過本書參考日本黑熊的寶貴經驗，謙卑地學習，並且記取其失敗或慘痛的教訓，加上政府編列長期且充足的經費預算，以落實有科學根據的保育政策（如二〇一二年完成的台灣黑熊保育行動綱領），並有系統地執行長期的野外族群生態研究和監測計畫，同時培育優秀的熊類研究和保育人才，相信台灣黑熊保育成功之日，必然指日可待。

黃美秀
國立屏東科技大學野生動物保育研究所教授
台灣黑熊保育協會理事長

序言

近年來日本黑熊和民眾關係似乎持續惡化，主要原因是日本黑熊分布區域不斷擴大。深入探究發現另有一項原因，那就是山區居民高齡化與人口減少、人類山區活動力減弱，這也讓黑熊分布越來越廣。

二〇〇〇年以來，日本各地突然出現大量的日本黑熊，並發生多起震撼社會的黑熊攻擊民眾事件，例如二〇〇六年長野縣小谷村有國中生遇襲，以及二〇一六年秋田縣鹿角市，在一個月內發生四個市民相繼遭熊襲擊而死亡。每次發生黑熊攻擊事件，當地民眾就會敵視黑熊，導致許多黑熊被捕殺。對熊的恐懼甚至擴及整個本州，各種形態的媒體交互激盪，整個社會產生敵視熊的氛圍。結果，黑熊變成危險動物，讓許多市民對黑熊抱持負面觀感。

這樣的負面發展讓日本黑熊研究者憂心忡忡，棕熊專家也認爲不可袖手旁觀，並放任情勢惡化。但光著急無用，仍得深入研究徹底了解黑熊攻擊的發生機制，並提出學術對策建言給主管機關參考。黑熊研究者責無旁貸須做這方面的努力，然而一般民眾大多不在乎有何對策，即使實施了對策，也不會特別注意。這狀況令人憂慮，因而若有電視、廣播、報紙、雜誌等媒體採訪，黑熊專家都會全力以赴。卻可惜專家評論常被任意編輯，有的剪成短短幾句話，不知情的觀眾可能會覺得黑熊專家研究粗糙，眞是令人扼腕。但也不能因此拒絕採訪，否則可能冒出不知來歷的「黑熊專家」對媒體大放厥詞，胡扯一些令眞正專家搖頭的「黑熊理論與實務」。

日本黑熊保育管理從某個角度來看，計畫與預算、執行團隊編組等工作應由政府部門統合，市民大眾在此則扮演意見提供角色。對策再好若不能取得市民支持，仍難以落實。黑熊保育管理首先須掌握各地區黑熊族群，設定適當的黑熊分布區域管理方案，鎖定造成民眾恐慌或危害人身安全的「問題黑熊」，來進行個別管理。為此，首先須深入了解黑熊的生態與現況，政府單位須爭取民眾關心，建立官民之黑熊對策共識。但很可惜，即使近年來黑熊保育管理工作持續進行各項嘗試，民眾仍與此隔閡，不太了解黑熊對策的來龍去脈與必要性等。

本書旨在改善這種狀況，算是適合大眾閱讀的科普書。書中具體案例說明日本黑熊過去、現在與未來處境，希望協助更多人認識黑熊。當然，黑熊如何保護與管理，筆者持續研究近二十年並已建立基本論述架構，但理論之實現困難重重，因此撰寫此書以推動相關工作。

本書分六章，第一章從生物學角度說明日本黑熊這種食肉類動物，其住在樹上並以植物爲主食，生活型態相當特殊。第二章起討論、彙整黑熊保育與管理相關重要事項。希望更深入了解日本黑熊生態與生理的讀者，不妨閱讀《日本的熊—黑熊與棕熊生物學》（東京大學出版會）。

第二章整理日本黑熊分布狀況，並從日本黑熊棲地環境歷史、與黑熊所處的社會環境變遷切入，來說明黑熊分布的形成機制。

第三章列舉日本歷史上，以及近年來人熊衝突的代表性案例。有些黑熊族群長期遭遇嚴重生存危機，甚至已經滅絕，因此，於第四章探討其因果關係。

第五章指出哪些黑熊族群領域擴張，哪些領域逐漸縮小遭遇生存危機，各族群如何適當地保育管理，做實際案例在地的探討。最後第六章綜合整理黑熊對策的基本方針，從幾個面向討論有待解決之課題，並提出解決方策。六章各有重點，可隨機閱讀，但基本上從頭讀起更好，因更能清晰掌握問題輪廓，以及黑熊對策與論述的因由、架構。

日本淺山（日文「里山」）地區人口將進一步減少與高齡化，黑熊等野生動物棲息環境可能隨之擴大，本書可說是超前部署，希望協助民眾認識這些動物，尋找人與野生動物和諧共存之可行方案。

台灣版序

台灣黑熊現況也是筆者一直非常關心的，和日本同為島國的台灣，其國土面積三萬六千平方公里，與九州相當。而如本書所述，九州黑熊早在一九四〇年已經滅絕，其滅絕原因除了山地規模不大之外，主要還是數百年來森林高強度利用（如燒墾、將原始林改造成人工針葉林甚至是草地，以及大量採薪燒炭與砍伐作為礦坑支撐材等），棲地減少遭遇人類機會變多，黑熊「被捕獲壓力」不斷升高。

對比來看，就能了解台灣黑熊族群完整且繁衍不輟，令人感到驚豔甚至驚嘆。當然，台灣黑熊並未一直無災無難，牠們在人口稠密的台灣，可能也曾數度遭遇滅絕危機，好不容易才挺了過來。比如，筆者曾聽台灣黑熊保育專家提到，早期台灣黑熊常掉入盜獵者所設陷阱，造成斷手斷腳。畢竟台灣山林黑熊棲地有限，在「被捕獲壓力」大小難以確認，黑熊生存嚴重受威脅的情況下，台灣黑熊族群能持續繁衍，可想而知應該是保育人士與學者奔走努力，營救受傷、迷路黑熊，啟發民眾保育知識的成果。當然，台灣黑熊幸運擁有優於九州的生存環境，因台灣眾多超過三千公尺的山岳（九州最高山只有二千公尺），提供給牠們不錯的棲地。

聯合國《生物多樣性公約》指出，確保生物未來之種內遺傳多樣性至關重要。數十萬年來，生活在亞洲大陸海外島嶼台灣的台灣黑熊，當然也擁有種群繼續繁衍的權利。在孤立島嶼上獨自完成演化的亞洲黑熊亞種「台灣黑熊」，確實是生態學上極為珍貴的存在。

本書於二〇一七年由東京大學出版，內容包括說明日本民眾和黑熊的生存衝突，推估未來還會更加嚴重。這些年來日本人熊衝突案件持續增加，威脅民眾安全而被射殺的黑熊於二〇一九年來到五千二百八十三頭，二〇二〇年更進一步增加為六千〇八十五頭。在此同時，被野生黑熊攻擊的民眾在二〇一九年為一百五十二人，二〇二〇年增為一百五十六人，而且其中有幾人因而致死。目前日本中央與地方政府的黑熊管理對策，基本原則是成立跨區域保育管理單位，實施分區管理。其中特別引人注目、也是本書所指出的，日本政府部門傾向劃定更明確的「黑熊行動紅線」（如跨越紅線之黑熊一律射殺），而且劃設「紅線」的地區與面積愈來愈大。

日本的黑熊（亞洲黑熊）自然繁殖增加率據估計約爲15～24%。亦即，讓十頭公熊與十頭母熊自然繁殖，十年之後變成一百頭，二十年變成六百頭。台灣的黑熊自然繁殖增加率可能不像日本那麼高，但若保育措施更加完善，黑熊繁殖增加率應該還是會增加。筆者上次訪台是二〇一八年十二月，知道台灣的山豬、鹿、猴子之數量明顯增加，許多農民深受困擾。

筆者和台灣黑熊研究保育學者黃美秀博士，早在一九九八年就在國際學會上認識，同行的還有台師大王穎教授。二十幾年來和黃博士常在國際會議碰頭，並且持續進行資訊與研究資料交換。但近年因疫情籠罩難以進行國際交流，衷心期盼能早日前往台灣，和台灣黑熊保育專家一起實施黑熊生態調查。

若本書具參考價値，且有助於台灣黑熊保育工作，這就是筆者最大的喜悅與光榮。同時我也祈祝台灣民眾與台灣黑熊相處和諧，讓黑熊在台灣有更安穩的家。

二〇二一年十二月於東京

山崎晃司

目錄

推薦序　不只是吉祥物，牠也是猛獸　林華慶
推薦序　熊是陸地上最大型的食肉目動物　林良恭
審定序　日本經驗透視台灣黑熊之保育未來　黃美秀
序言
台灣版序

第一章　亞洲黑熊這種動物……5
1. 各種熊類……7
2. 亞洲的黑熊……11
3. 黑熊來到日本列島……18
4. 日本的亞洲黑熊……22

第二章　森林與人類活動之變化……53
1. 日本黑熊分布區域急速擴大……55
2. 黑熊出沒民眾社區……60

3. 日本黑熊出沒之機制……68
4. 日本黑熊數量增加中……73
5. 曾經童山濯濯的日本山地……79
6. 獵人減少……84
7 淺山機能喪失……88

第三章 黑熊與人類之衝突……91
1. 農業損害……94
2. 林業損害……101
3. 畜牧水產業損害……113
4. 民眾的心理傷害……118
5. 黑熊殺人案件實況……120
6. 黑熊行為模式改變……140

第四章 失去蹤影的日本黑熊……149
1. 九州的黑熊……150

2. 四國的黑熊……171

第五章 黑熊保育與管理之嘗試……185
1. 非捕殺管理模式的嘗試……185
2. 如何避免吸引黑熊進入村落……198
3. 瀕危黑熊族群之保育……204
4. 黑熊保育管理之民眾教育……212

第六章 與黑熊和平共處……223
1. 保育管理計畫的現況……225
2. 保育管理之課題……228
3. 黑熊監測之課題……238
4. 如何避免黑熊傷人事件一再發生……249

結語……255
後記……261
引用文獻……263

第一章

亞洲黑熊這種動物

亞洲黑熊乃西起伊朗東至日本，曾廣泛分布於亞洲各地的森林性熊類。之所以說「曾廣泛分布」是因許多亞洲國家持續追求開發，破壞黑熊棲息環境，使棲地急速破碎化，加上取膽囊入藥的商業性過度捕捉，致使黑熊分布區域與族群數目不斷減少。因此，IUCN（國際自然保護聯盟）紅皮書將亞洲黑熊列入易危物種（VU）。該聯盟警告，近三十年來亞洲黑熊個體數目已減少30～50%，若無適當的保育對策，未來三十年將以相同速度繼續減少。另一方面，聯盟指出，黑熊族群密度及密度提高或降低之發展趨勢，相關調查研究參考資料明顯不足[1]。概括而言，亞洲黑熊於不久的將來，可能會在研究人員尚未充分掌握其整體資訊的狀況下，遭遇滅絕危機。

許多亞洲發展中國家將發展經濟列為第一要務，即使知道黑熊等野生動物生存受到威脅，也不曾積極監測調查掌握實況，即便透過某些管道取得黑熊生態資訊，仍極少活用資訊並實施黑熊保育管理對策。爲打破這類困境，國際社會提供ODA（已開發國家提供給開發中國家「政府開發援助」（Official Development Assistance））或NPO（非營利組織，nonprofit organization）技術或人力支援，但開發中國家知識經驗累積緩慢，黑熊保育並無明顯改善。如何培養對策發想人才也是一大課題，經常好不容易培養了能擔當重任之人才，卻轉職到提供更好待遇的企業，令人扼腕。

回過頭來看日本，大概是一九七〇年代開始進行黑熊分布動態與基礎生態研究，知識經驗累積不能說很順暢，但仍在有限人力與經費條件下，胼手胝足地打下了基礎，並逐漸展現成果與協助有關單位實施黑熊管理措施。其中有個問題值得注意，那就是日本黑熊課題與亞洲各國頗有差異，甚至可說落差很大。相對於各國黑熊族群持續減少，本州許多地區的黑熊分布與數目卻維持穩定或增加，出現愈來愈多人熊衝突等社會問題。

第一章彙整過去累積的黑熊生物學研究成果，作爲切入本書主題「人與熊如何和諧共存」之基礎，同時也可作爲建立解決問題模式之參考。因此，此處所彙集之研究成果不侷限於黑熊生物與生態學，同時也包含黑熊保育所必要之相關知識。當然，這些知識都有紮實的科學研究基礎，其中不少日本黑熊生態研究成果，出自我和諸多相同領域的專家，於一九九一年起在奧多摩山區，以及二〇〇三年起在日光足尾山區，一同長期進行的「日本黑熊活動模式及生態研究」。

1　各種熊類

目前世界各地廣泛分布的熊類，他們的祖先「Ursavus屬」，約二千萬年前中新世首度現身於歐洲，其分支種系之一的Ursavus elmensis因此被稱爲曙光熊（dawn bear）[2]。當時熊類大小和狐狸相去不遠[3]，雖劃歸「食肉目」，卻不是以肉類爲主食的肉食性動物。亦即，正如目前大多數熊類多半時間「吃素」，前述曙光熊階段似乎已確立熊類以植物爲主的雜食習性。隨時序演進，始祖Ursavus到了一千五百萬年前分化出貓熊亞科（Ailuropodinae），一千五百萬～一千二百萬年前又分化出眼鏡熊亞科（Tremarctinae）與熊亞科（Ursinae）[4]。

當然，在上述演化過程中也有些熊類中途滅絕了。化石研究顯示，眼鏡熊亞科之大短臉熊一直存活到約一萬一千年前才消失。美國加州洛杉磯州立喬治・C・佩吉博物館，其收藏身陷於當地大面積瀝青湖（譯按：約五千萬年前海底生物腐殘餘物質形成石油，後因地層變動浮出地表爲瀝青狀之焦油坑，具強大黏力。動物誤以爲是湖水，欲喝水而掉落之動物因而無法脫身，加上瀝青防腐，動物骨架因此保持完整）而死亡之大短臉熊完整頭骨四個，合計數十具遺骸。這些大眼鏡熊骨架巨大，推估體重達六百～一千公斤。由其四肢長、下顎肌肉強健等身體特徵來看，應是動作敏捷之捕食者[5]，其牙齒構造顯示，此熊類爲食腐動物，能咬碎硬骨[6]。

目前全球計八種熊類，主要分布北半球，包括貓熊亞科之貓熊、眼鏡熊亞科之眼鏡熊（安地斯熊），以及熊亞科之懶熊、馬來熊、美洲黑熊、亞洲黑熊、北極熊、棕熊（圖1-1）。

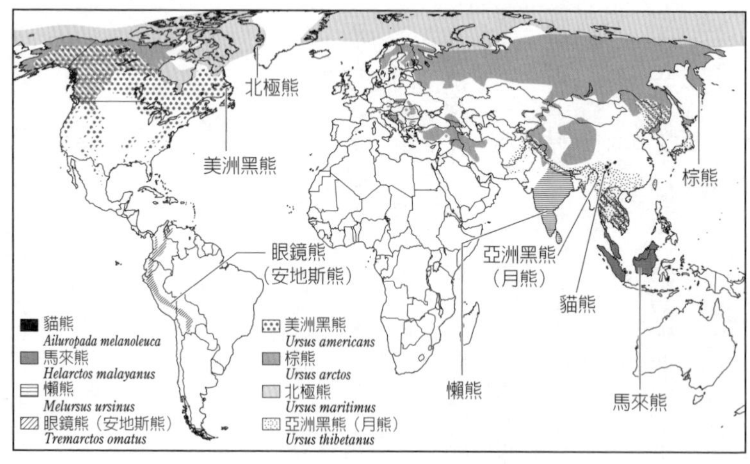

圖1-1　熊的世界八個種類分布狀況

八種之中最晚出現的是北極熊，是由棕熊進化而成，但兩者分家之年代有各種學說，有的認為幾萬年前棕熊往北極遷移演化成北極熊，但未有定論[4]。

現存八種熊類之食性方面，北極熊適應北極嚴寒氣候並以捕食浮冰上海豹維生，似已放棄熊類祖先以植物為主食的雜食性。其餘七種熊類維持雜食性，細分則有只吃竹子，為了握住竹子而演化出如人類拇指第六指的貓熊，以及能吃白蟻與螞蟻的懶熊。懶熊上顎無門牙，即是為了方便吸食蟻類，其毛髮稀疏則有一說，認為可減輕遭受白蟻攻擊之傷害。

熊類生態學特徵如下。首先，熊是體形巨大的食肉類，北極熊與棕熊的科迪亞克亞種都能長到近八百公斤，即使體形最小的馬來熊也有三十～六十公斤。其次，熊的行走方式為前足半蹠行（腳掌半著地）、後足蹠行，和貓科、狗科等食肉類，其為快速行動而演化出腳掌不著地的「趾行」模式不同（不過，棕熊跑步時速仍可達到五十公里）。此外，熊的橈骨、尺骨、脛骨、腓骨並不接合，腳部骨骼可自由旋轉，因此能挖洞，或者像亞洲黑熊與美洲黑熊那樣快速爬樹。牙齒形狀方面，大多數熊類無一般食肉類動物的刀狀裂齒，而是有適合咬碎或磨碎植物、齒冠平整之臼齒。我曾仔細觀察栃木縣奧日光一頭臼齒幾乎已磨平之黑熊，其臼齒狀況很像棲息於酷寒嚴苛環境的「梅花鹿」，好奇該黑熊一生啃過數量多少，以及有哪些種類的堅硬食物（圖1-2）。黑熊前臼齒退化變小，與一般食肉類動

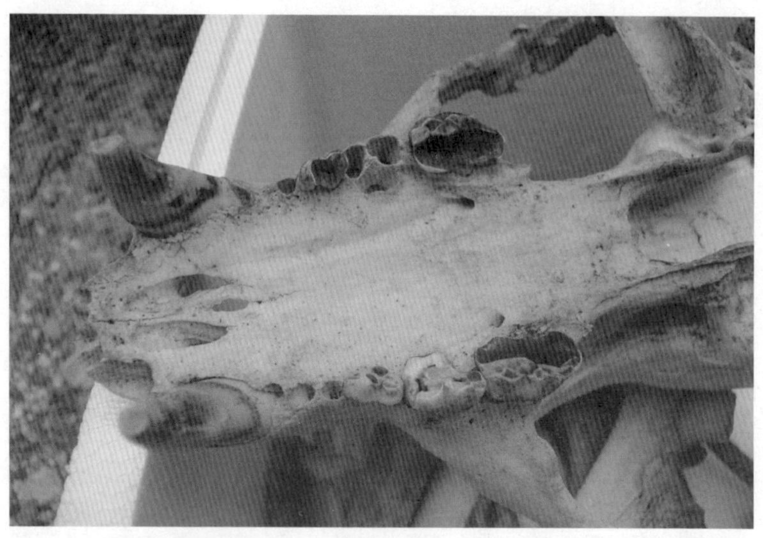

圖1-2 磨損非常嚴重之亞洲黑熊臼齒（估年齡大約15歲，栃木縣日光市）

物不同，反而與多數草食性動物相似，也是其一大特徵[3]。

一般人印象中，會爬樹且主要吃果實等植物性食物的黑熊，主要就是亞洲黑熊與美洲黑熊。前者分布在亞洲，後者分布於美洲，其生態相似且研究報告指出，所有熊類之中這兩種黑熊遺傳基因最相近。有的學者認爲亞洲與美洲黑熊約四百萬年前才演化成不同種類（與此二者血緣最近的熊類爲馬來熊[7]）。但如篇頭所述，和亞洲整體黑熊族群數目持續減少不同，美洲黑熊數目則一直在增加，且分布領域不斷擴大，推估總頭數達八十五～九十五萬頭之多[8]。這似乎是因爲加拿大與美國黑熊保育工作發揮功效，美洲黑熊成爲全球數量最多的單一熊類。

日本人暱稱胸前有半月形白色斑紋之日本黑熊爲「月輪熊」，但類似稱呼僅見於日韓與西班牙，其他地區民眾則稱之爲「黑熊」、「亞洲黑熊」或「喜馬拉雅熊」等，英文則是Asiatic（Asian）black bear。但此英文名近來被覺得不妥，IUCN熊專門委員會之專家認爲，數量逐漸減少的亞洲黑熊，容易和數量增加、族群穩定的美洲黑熊（American black bear）混淆名稱而不利於保育，因此建議亞洲黑熊英文名爲「月熊」（moon bear）。目前「月熊」名稱尚未普及，但聽起來很舒服，值得推廣。倒是，前述專家委員會討論黑熊名稱時，認爲眼鏡熊（spectacled bear）因生存特定地區不妨冠上地名，以彰顯其地域性特色，因此改稱安地斯熊（Andean bear）。這種新命名原則是否有助於推動眼鏡熊保育工作尚未可知，但至少是可喜的新嘗試。

2　亞洲的黑熊

亞洲黑熊廣泛分布在亞洲各地，從西端的伊朗往東，包括阿富汗、巴基斯坦、印度、尼泊爾、不丹、中國、孟加拉、緬甸、泰國、寮國、柬埔寨、越南、以及東亞之北韓、韓國、台灣、俄羅斯、日本等，都有黑熊。加上法國與德國也挖出這種熊類的骨骼化石，可見過去分布範圍甚廣【9】。

但現在仔細觀察其分布區域，顯然持續縮小且破碎化。圖1-3是IUCN Bear Specialist Group（國際自然保護聯盟熊類專家群組）製作中的亞洲黑熊分布圖。這項地圖製作緣自二〇〇六年，在長野縣輕井澤町召開的第十七屆國際熊類研究與保育國際會議（17th International Conference on Bear Research and Management），將十七個有野生黑熊的亞洲國家其專家、學者齊聚一堂，首度全

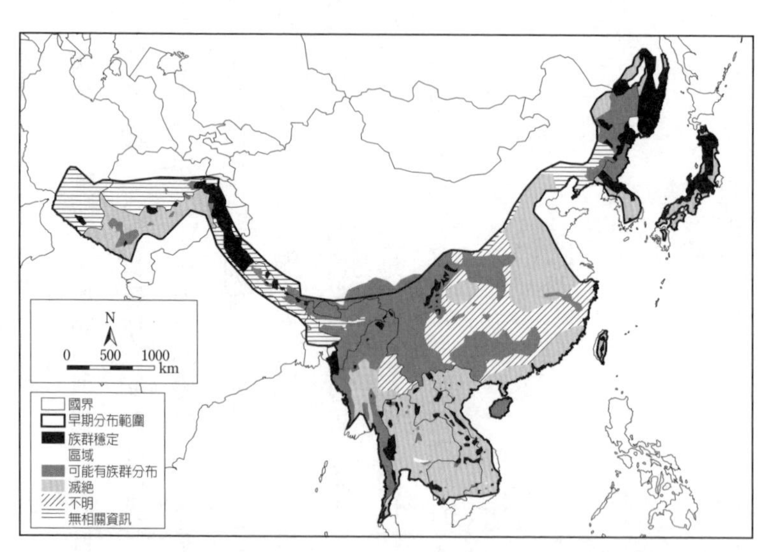

圖1-3　亞洲黑熊分布狀況（IUCN亞洲黑熊專家群組）

面性地分享、整合熊類研究資訊。當然，各國所分享熊類資訊品質高低不一，有些無法清楚掌握該國熊類分布邊界，有些分布狀況資訊並不精準。畢竟亞洲許多國家無力保育亞洲黑熊等野生動物，有些甚至完全沒有熊類研究專家學者，估計該國政府部門無法掌握熊的族群分布狀況。話說回來，將這次交流與會者分享之資訊彙整，顯示亞洲黑熊族群分布困境嚴重，如圖1-3所示，其空白區域表示亞洲黑熊已滅絕，範圍非常大。

亞洲黑熊之生活型態嚴重依賴森林，由此可推論其已滅絕之區域，應該是森林過度砍伐、或林地大量變成農地、或是開闢成工業區等。換言之，亞洲黑熊族群大減，只分布在如衣服補丁般的碎片森林中，面臨艱難生存危機。

盜獵盛行等過度捕捉也是不可忽視的問題。中醫藥材裡熊膽與熊掌等非常昂貴，因此熊類在許多亞洲國家成爲盜獵對象，且價格昂貴不斐。中醫認爲熊膽能鎮痛、健胃、強心、消炎。有些民眾甚至把熊膽當做萬能藥方。醫學檢驗發現膽囊所含牛磺熊脫氧膽酸（TUDCA，tauroursodeoxycholic acid）具相當不錯藥效〔譯按：水解後能生成具高度醫療效果的牛磺酸（Taurine）與熊脫氧膽酸（Ursodesoxycholic Acid）〕，但目前已可化學合成，不必捕殺黑熊。早期中藥市場行情中乾熊膽等同黃金，非常珍貴。二十幾年前TRAFFIC Japan調查日本漢方市場發現，一公克的乾熊膽囊零售價高達六千六百九十七日元【10】（譯按：當時黃金一公克約五千日元），顯示除了獵戶自家使用之外，其商業買賣利潤驚人，故不難想像遭大量盜獵，亞洲各國三不五時也傳出海關截獲走私熊器官之新聞。

爲遏止國際動物走私歪風，一九九二年聯合國加盟國簽署華盛頓公約（CITES），同意立法禁止買賣亞洲黑熊等熊類。亞洲黑熊走私早已受矚目，一九七八年聯合國一份文件，已將亞洲黑熊剔除在可商業捕獵的野生動物名單外。在日本熊膽買賣這方面，估計目前已無人從亞洲各國走私熊膽進入日本。這可能也與日本年輕世代不再執著於熊膽藥效，因此需求量大降所致。二〇〇五年日本野生動物保育組織發表調查報告，指出日本國內熊膽庫存與市場流通量持續降低【10】。反之，亞洲新興國家開始發展工業，許多人致富後重視養生，不惜重金購買熊膽，熊類特別是亞洲黑熊的熊膽，在這些國家仍有相當大的需求量，走私交易恐怕很難斷絕。

再回來看前述熊類專家委員會所製作的圖表，亞洲黑熊生存壓力最嚴峻的區域位於西亞、東南亞與中國，其明顯正遭遇滅絕危機。西亞主要是因地緣政治國際紛爭乃至於戰爭不斷，故黑熊棲地及族群數量大受破壞。東南亞則是過度捕獵，加上大量砍伐森林，黑熊失去棲地。東亞方面，韓國黑熊族群數量非常少，判斷已無法靠黑熊自行繁衍達到足夠數量，韓國政府因而制定國家級計畫，由鄰近國家（中國）引進基因定序相近之黑熊，甚至將動物園黑熊野放，這部分第五章將有詳細說明。至於北韓，則幾乎無法取得該國黑熊族群分布與數量相關調查資料，若政治體制持續封閉，未來恐怕很難有所進展。中國則估計黑熊數量不下於日本，應該還有相當多，但缺乏足夠調查研究故實況不明，該國森林砍伐嚴重，黑熊生態恐已大量遭破壞。而且，中國人爲取得珍貴藥材熊膽而大肆捕獵野生黑熊，已引發國際動物保育團體抗議。於是，該國政府要求民間飼養黑熊取膽汁，但在活著的黑熊身上插管取膽汁非常不人道，加上飼養環境惡劣、獸籠小且衛生不佳同樣備受批評。據了解，中國用以取膽汁的黑熊大多從森林捕獲。另外，聞名全球的「亞洲動物基金會」（Animals Asia Foundation, AAF）調查報告指出，越南的黑熊膽汁工廠也愈來愈多，相對於中國飼養一萬頭以上的「膽汁黑熊」，越南目前養了一千二百頭（幾乎都是亞洲黑熊）。

目前全球只有日本與俄羅斯開放黑熊合法狩獵（休閒狩獵）。例如，俄羅斯哈巴羅夫斯克邊疆區二〇一六年發出二百張黑熊狩獵許可，後來實際上獵殺五十～七十頭左右。俄羅斯科學院伯力分院（伯力爲哈巴羅夫斯克邊疆區首府，俄羅斯遠東政治經濟中心）塞爾格・柯欽博士指出，俄羅斯中央政府開始檢討是否將黑熊納入瀕危物種紅色名錄，但遭當地狩獵協會抗拒。

如前述，亞洲黑熊整體主要困境是棲地破壞以及盜獵嚴重。日本黑熊保育協會二〇〇六年提出亞洲十七個國家黑熊生態研究報告，指出最大問題是多達十四個國家盜獵猖獗，已造成黑熊族群可能不保之危機。該協會極力呼籲各國重視此問題，應立法嚴禁盜獵、成立保護區並大力取締非法盜獵，以及教育民眾、推展黑熊保育。

黑熊的分類方面，目前研究成果認爲亞洲有七個黑熊亞種，包括日本黑熊（*Ursus thibetanus japonicus*）、台灣黑熊（*U.t.formosanus*）、分布於中國中部與南部的四川黑熊（*U.t.mupinensis*）、分布於尼泊爾、印度北部、不丹、孟加拉、緬甸、泰國、寮國、柬埔寨、越南的西藏黑熊（*U.t.thibetanus*）、分布於喜馬拉雅山脈到阿富汗、印度北部的喀什米爾黑熊（*U.t.laniger*）、分布於中國東北部、朝鮮半島、俄羅斯沿海省的東北黑熊（滿州黑熊）（*U.t.ussuricus*）、分布於巴基斯坦中部與南部、伊朗東南部的俾路支黑熊（*U.t.gedrosianus*）[13]。但部分學者對亞洲黑熊亞種分類有不同的見解，且亞洲仍有些地區的黑熊族群尚未進行族群分類。爲維持黑熊基因多樣性，並達成保育目標，仍須進行分類研究。有些學者認爲，既然亞洲黑熊整體而言只有一個種，只要每個有黑熊的國家各自留存一些即可，但這種看法非常不恰當。

研究顯示日本之外的各國亞洲黑熊，棲地多與其他熊類重疊。例如，俄羅斯遠東濱海邊疆區、中國東北小興安嶺以及詳情不明的北韓，其黑熊與棕熊棲地重疊。伊朗等西亞局部地區也可能有黑熊與棕熊棲地重疊之狀況，但詳情未明。印度東北部則是黑熊、懶熊與馬來熊棲地重疊，緬甸中部到北部一帶和馬來熊重疊，泰國與越南有廣大地區和馬來熊重疊。種與種之關係的研究明顯欠缺，近年來才逐漸有人針對俄羅斯濱海省與泰國黑熊進行少量研究。俄羅斯科學院遠東地理研究所研究員伊萬・塞流德金博士發現，亞洲黑熊與棕熊棲地重疊的俄羅斯濱海邊疆區老爺嶺（Sikhote-Arin），有些亞洲黑熊被棕熊甚至是老虎捕食。傳言指出，爲避免遭同棲地上述大型捕食者獵殺，當地黑熊會選擇以大徑樹木高處樹洞來冬眠。此外，海參威生態暨土壤學研究所研究員韋克特・尤金博士指出，濱海邊疆區的朝鮮五葉松與闊葉樹等大徑木，提供了亞洲黑熊躲避老虎與棕熊追捕之庇護場所，是亞洲黑熊生存所不可或缺之樹種[14]。從生態學的角度、而非從受人類活動影響的角度來探討黑熊分布所受到的限制，應該是非常有趣的題目。筆者也從二〇一一年和俄羅斯專家，在該國濱海邊疆區老爺嶺展開亞洲黑熊與棕熊種間關係之研究，未來會有何發現，非常令人期待。

3 黑熊來到日本列島

有關亞洲黑熊來到日本的時期，調查過許多日本與亞洲大陸之亞洲黑熊基因，任職於森林綜合研究所研究員大西尚樹等學者指出，可能是在海平面下降、亞洲大陸與日本陸地相連的五萬到三十萬年前之更新世[15]，亞洲黑熊利用溫暖的間冰期，從現在的朝鮮一帶往東通過對馬海峽，並進入九州與中國地方（譯按：日本本州西部「岡山」、「廣島」、「山口」、「島根」與「鳥取」等為本州地理中心區域，故稱「中國地方」），再逐漸往本州北部前進。此處有個問題，歷史上亞洲黑熊大概分幾次從大陸進入日本列島呢？大西研究員等認為，從日本黑熊與大陸產亞洲黑熊其基因序列有明顯差異來看，亞洲黑熊從大陸進入日本列島的途徑曾經中斷，因而在日本分化出九個基因庫。目前日本黑熊約可分為六十個族群基因庫，較大的基因庫有琵琶湖到下北半島一帶的「東日本族群基因庫」，從琵琶湖到中國地方的「西日本族群基因庫」，以及分布紀伊半島與四國的「紀伊半島及四國族群基因庫」（圖1-4）。有趣的是，東日本族群基因庫所屬集團之中，東北地方的集團遺傳多樣性最低。原因可能是該地區之前已北上關東地方的日本黑熊，利用溫暖的間冰期繼續來到東北地方，然後遇到冰期重新展開，東北地方生存環境因此惡化故部分滅絕，此

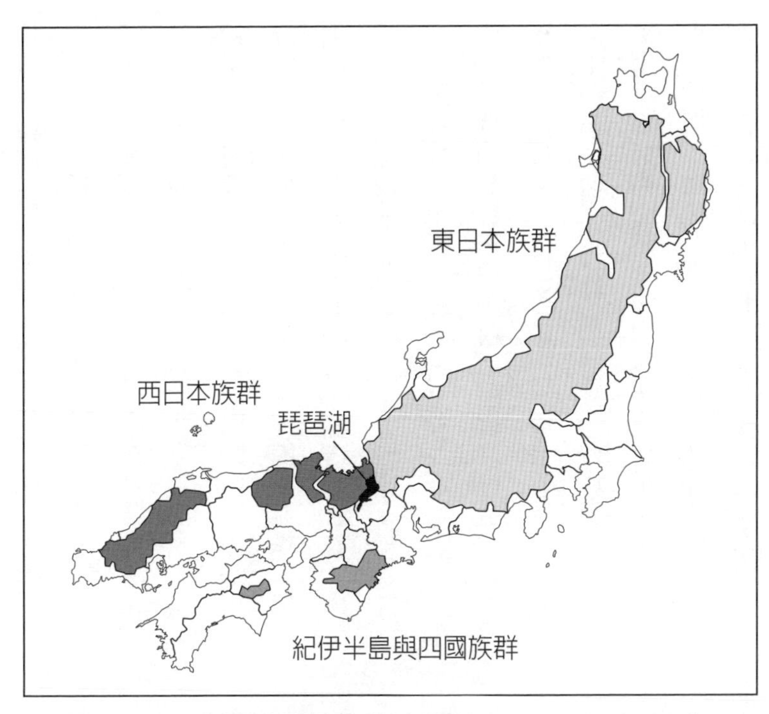

圖1-4 日本黑熊的遺傳族群（引自Ohnishi et al., 2009）

類似狀況反覆發生，造成該地區日本黑熊遺傳基因單純化。另外，日本亞洲黑熊聯盟最近利用現存數量不多的九州黑熊標本資料，透過調查其集團基因庫，發現加入具中國地方特徵的「單倍體基因型」（haplotype）後近似中國地方集團，但也出現九州地區不曾出現的單倍體基因型特徵。這部分將在第四章深入討論。

附帶一提，透過骨化石研究，確認目前日本僅北海道有棲地的棕熊，於更新世時也曾廣泛分布在本州下北半島到中國地方[16]。其證據是棕熊來到北海道的時間，和亞洲黑熊從朝鮮來到日本是差不多同時期，都是更新世中期分三次完成遷徙（圖1-5）。北海道大學研究員松橋珠子與增田隆一經由基因分析發現，似乎一開始是C群棕熊（血緣較接近西藏棕熊）先踏上北海道，然後是B群（與東阿拉斯加棕熊血緣相近），最後才是A群（血緣較接近東歐之棕熊）來到北海道[17]。其中，A群和B群係經由白令陸橋（白令地峽，Bering land bridge, Beringia）或宗谷地峽（北海道與俄羅斯庫頁島之間）由北往南進入北海道；C群則如前述，由本州更新世（中～後期）地層出土化石顯示，這些棕熊係經由中國本土或本州南部抵達北海道。換言之，由南往

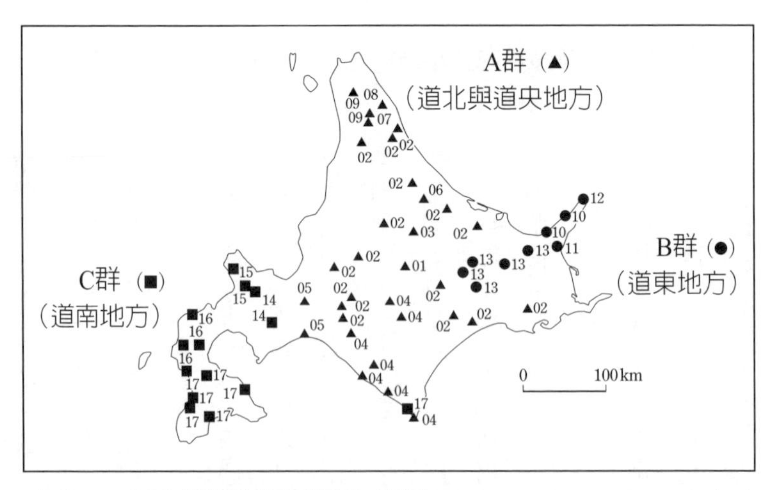

圖1-5　日本棕熊的遺傳族群（引自Matsuhashi et al. , 1999）

北進入北海道的棕熊，至少某時期曾棲息於本州。但彙整各項日本棕熊骨化石狀況，任職於群馬縣立自然史博物館研究員高桒祐司認爲，應進一步進行骨化石形態與放射性碳定年法（年代學）精查，才能確認本州所發現棕熊是否全屬C群。此外，更新世到全新世的本州發現大型貓科動物老虎的骨化石【18】；本州、四國、九州則發現大山貓屬動物（猞猁）的骨化石【19】，證明當時日本列島動物生態頗像目前的俄羅斯濱海省，相當有趣。

棕熊在本州爲何絕跡，原因尚不明確。推估原因之一是最後冰期結束、氣候變暖，山毛櫸等喬木森林逐漸北移來到本州，喜好茂密森林的日本黑熊便隨之北上來到本州。反之，喜好草地開闊環境的棕熊則往北遷徙而在本州消失。附帶一提，北海道至目前爲止沒人發現日本黑熊骨化石，代表當時黑熊分布最北地點可能是本州北端。未來若能釐清俄羅斯濱海省的亞洲黑熊與棕熊之種間關係，或許能更清楚解釋，數萬年前本州出現這兩種動物的前因後果。

另外，人類（舊石器人類）何時來到日本也是個有趣的課題。從遺蹟與石器考古研究顯示，舊石器人類頂多上推到四萬至三萬年前，遠落後於日本黑熊與棕熊來到日本的五十萬至三十萬年前。在人類尚未出現的年代，熊類在日本列島過著怎樣的生活，不禁令人好奇。

人類抵達日本（本州）之後，是否和日本黑熊有交集，這點值得探討。西日本方面，從目前挖到三千年前繩文時代晚期的物品中，發現日本黑熊遺物非常少，推測當時西日本黑熊分布非常有限。原因可能是當時九州與中國地方盛行繩文水田文化，日本黑熊棲息環境因此受到限縮[20]。另外，目前日本黑熊只存在本州與四國。環境省二〇一三年依據研究成果，將原本登錄於瀕危物種名錄紅皮書的日本黑熊九州族群除名，代表當地日本黑熊已滅絕。如前述，亞洲各地的亞洲黑熊族群，目前似乎只有日本分布區域與族群個體數都緩步增加。爲何有此種現象，以及在此狀況下黑熊與人類是否會產生衝突，將於第二章之後深入探討。

4 日本的亞洲黑熊

外形特徵

前述，日本黑熊是亞洲黑熊亞種之一，長相等外觀形態爲黑色的毛髮，且有較大的耳朵，屬中型熊類。牠們冬夏換毛，夏毛漆黑油亮，在陽光下非常耀眼美麗。

新潟縣與岩手縣則有少數白化日本黑熊，以下岔開話題，略作探討。話說江戶時代（一八三七年）有人出版《北越雪譜》一書，提到新潟縣出現白色熊類。後來一八九九年三月，新潟縣政府將一頭捕獲到的白化黑熊送到皇宮，皇太子殿下轉贈上野動物園（同時入園的還有一對正常毛色黑熊，似乎三頭都是幼獸）[21]。但這頭白化黑熊是在新潟何處捕獲的，則無詳細說明。直到一九六八年四月，又有人在新潟縣下田村（今「三條市」）笠堀地區捕獲白化黑熊一頭，幾年後又有人在同村的栗岳捕獲兩頭，一九七八年四月再於當地附近捕獲一頭。筆者一九八四年曾在下田村資料館看到白化黑熊（印象中標示牌寫著「金熊」）全身剝製標本，目前保存狀況如何則不得而知。此外，新潟縣村松町（今「五泉市」）於一九七七年十一月六日捕獲一頭白化母熊，其全身剝製狀態良好，仍展示在長岡市立科學博物館。亦即，新潟縣至少已有六筆白化黑熊捕獲紀錄。

另一個較多白化黑熊捕獲地點，位於岩手縣北上山山區。二〇〇四年夏季，岩手大學青井俊樹教授學術捕獲（譯按：因學術研究需要而捕捉，下同）一頭白化雌亞成黑熊，並追蹤其移動軌跡[22]。岩手縣立博物館收藏一具一九九一年十一月二十一日，於該縣有害捕獲（譯按：因危害而捕捉，下同）的全身剝製白化黑熊。岩手縣遠野市據說也有類似的捕獲紀錄。

應儘速彙整相關研究樣本，防止發生類似新潟縣博物館藏之白化黑熊遺傳基因資料遺失的狀況。另外，國外也出現特殊案例，如柬埔寨、泰國與寮國都發現白化的亞洲黑熊。但遺傳分析顯示，其基因與分布於當地的其他亞洲黑熊並無不同[23]。

回到亞洲黑熊外觀問題。亞洲黑熊上半身肌肉較下半身發達，上肢比下肢粗壯，乃是爲了方便爬樹。加上脖子四周鬃毛濃密，使上半身更加雄偉。倒是，日本與亞洲大陸的亞洲黑熊外觀是否有差異，目前尚無科學研究報告，但大概目視就能看出，日本黑熊鬃毛較稀疏，看起來較瘦。其胸前彎月狀白色斑毛，讓日本黑熊獲得「上弦月熊」之名號。亞洲大陸黑熊這部分相較之下更明顯，不僅胸前的整片白色斑毛呈半月狀，而且比日本黑熊濃密。日本黑熊有不少胸前幾乎無白毛，號稱「暗熊」（紀伊半島）或「水無小黑」（東北地方）。多年來筆者在奧多摩山區與日光足尾山區學術捕獲達二百頭日本黑熊，歸納其外觀特徵，發現日本黑熊的白毛確實較亞洲大陸黑熊稀疏。當然，其他地區的黑熊可能有些差異，但幼熊會遺傳父母的外觀特徵，日本黑熊胸前白色斑紋形狀與大小，基本上還是比較稀疏的。

日本黑熊個體看起來比中國黑熊小，但因中國或俄羅斯無體重相關研究報告，難以確認其精確差異。之所以缺乏這方面的研究成果，原因是野外調查除非隨身攜帶精密儀器，否則很難測量黑熊這類大型哺乳類動物。成年黑熊通常超過一百公斤，然而上山的研究人員人數有限，故很難精準測量其體重。IUCN熊類專家群組曾計畫建立日本各地區黑熊基礎數據，但熊棲地野外調查人員有限，即使入山也未必能看到原本就罕見的日本黑熊，因此計畫進展緩慢，遲無成果。俄羅斯濱海省曾發表調查報告，成年亞洲黑熊公熊重一百三十～一百六十公斤（最大二百公斤），成年母熊一百二十～一百四十公斤（少數達一百七十公斤）[13]。秋季大量攝食期的公熊，有的重達二百五十公斤[24]。二〇一六年筆者曾在濱海省學術捕獲一頭壯齡公熊，雖是夏季消瘦期，但仍有一百三十一公斤重。

與此相比，日本黑熊個體明顯小一號。參考圖1-6，係日光足尾山區學術捕獲的日本黑熊其年齡與體重關係圖，公熊重約六十～八十公斤，母熊四十～

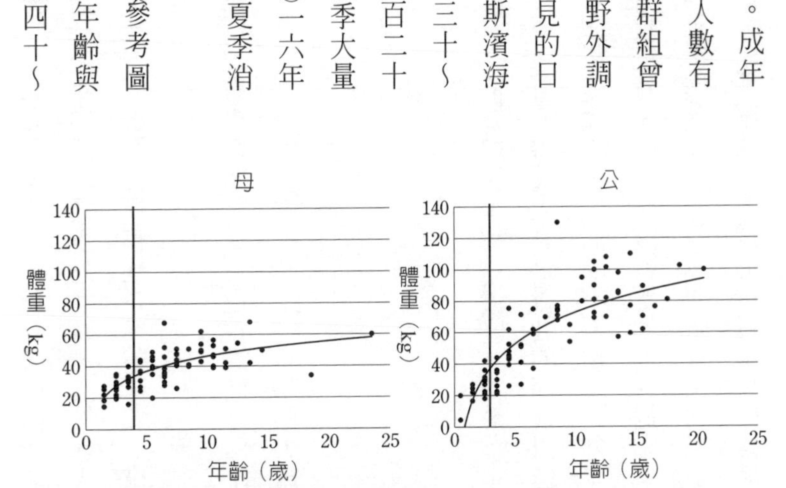

圖1-6 亞洲黑熊不同年齡之體重變化（栃木縣日光市學術捕獲研究成果）。垂直黑直線為性成熟年齡。

六十公斤。亞洲黑熊具有成熊性兩型的現象（sexual dimorphism，同物種的雌雄體型、外觀等差異）。上述調查是在夏季進行，剛好是一整年中熊的體重最輕時，之後進入秋季攝食期，體重會明顯增加。如後述，母熊四歲左右性成熟，體重達三十公斤左右就可繁殖。之前從事社會教育面對市民與小朋友，問他們「覺得『月熊』有多重？」，多半回答二百、三百公斤，和實際重量差距頗大。有的民眾說看過新聞報導，電視畫面裡「小熊」很大隻，因此猜測成年熊為二百～三百公斤。或許是民眾記憶錯置，將成獸誤記為幼獸吧？

日本黑熊生態特徵繁殖等行為

研究報告指出，日本黑熊性成熟年齡為公熊二～四歲[25]，母熊四歲[26]。當然，這只是性成熟年齡，實際參與繁殖活動的公熊不會太年輕，可能得長大到更雄壯的四歲以後，才有機會與母熊交配。公熊逐漸性成熟意味著須離開母親獨立，生活圈不再重疊。野生日本黑熊獨立的過程與模式研究成果非常少，難以一窺究竟。至於黑熊繁殖期，透過圈養黑熊的研究顯示，主要是夏季（六～八月）[27]。日光足尾山區研究人員也觀察到相同現象。發情期母熊會被公熊持續尾隨，伺機交配。北海道大學坪田敏男教授進行日本黑熊繁殖生理研究，發現其排卵模式為「交配排卵」（譯按：即「誘導性排卵」），發情期間卵巢內反覆產生成熟的卵子[28]，因此一次發情期內母熊會與複數公熊交配。日本獸醫生命科學大學山本俊昭副教授，其分析長野縣輕井澤町日本黑熊的基因發現，有的母熊一胎所生之幼熊分屬不同父親，亦即「一胎多父」（multiple paternity）[29]。

母熊體內夏季交配所形成的受精卵會至初冬才著床，日本黑熊如此獨特的繁殖機制（受精卵著床機制），主要是要保留更多時間，讓母熊能在冬眠前依據自己體內所儲存的養分量，判斷是僅夠負擔冬眠所需，還是足以供應受精卵著床後胎兒成長所需？母熊的營養狀態優劣，攸關繁殖能否成功，亦即胎兒能否順利成長並分娩[30]。據研究顯示，在人工圈養環境下，有生育能力的日本黑熊會在冬眠的一、兩個月期間[31]，平均生下1.86頭幼熊[32]。大多數野生黑熊每胎生產一或兩頭幼熊，但攝影師澤井俊彥曾在富山縣有峰地區，拍到母熊帶三頭同齡幼熊。黑熊幼熊出生體重和成熊相比非常小，呈明顯未成熟狀態（幼熊只占成熊0.3～0.6%）。原因是冬眠中的受胎母熊須儘量減少熱能消耗[33]，所以幼熊出生時才那麼小。

相對的，日本黑熊其母乳含脂率特別高。可見黑熊的繁殖策略是出生時小小的，但出生後給予高營養乳汁，使其快速長大。為了育兒，生產後一年半左右的育兒期，除非幼熊過世（若幼熊爲兩頭且兩頭皆過世），否則到生產後的隔年夏天爲止，母熊不會與公熊交配。因此，通常日本黑熊隔年生一胎（兩年生一胎）。母熊育兒時間比一般野生哺乳動物長，這樣也能讓幼熊學習更多知識與生存能力。這種狀況和美國棕熊類似，育兒期間母熊教導覓食方法，以及何處可覓食[34、35]。但另一方面，有些母熊教導幼熊人類不樂見的覓食方法，例如進入民眾社區翻廚餘桶、偷採民宅院中的柿子。如何防止黑熊養成這類「壞習慣」，是日本野生黑熊管理的一大課題。

野生日本黑熊族群個體數增加率之推估，須納入許多條件設定，因此很難取得客觀且可靠的預估值。以下是下個章節也會提到的，兵庫縣森林動物研究中心研究員坂田宏志的研究成果，他推估兵庫縣日本黑熊個體數自然增加率約爲16.3%（中間值）[36]，遠低於該縣野生山豬與梅花鹿自然增加率的66.5%、20.0%。這說明，棲息在「被捕獲壓力」沉重地區的日本黑熊繁殖不易，容易遭遇族群滅絕危機。

至於野生日本黑熊可存活年齡約幾歲？從學術捕獲等抓到野放的個體，可觀察其前臼齒；從有害捕獲（予以射殺）的黑熊看犬齒，由該部位隨年齡增加所堆積的鈣結石，來推估其年齡。筆者的研究團隊自二〇〇三年起，持續在日光足尾山區實施黑熊學術捕獲，總計抓到約一百頭黑熊並於觀察完畢後放生，其中母熊最高年齡爲二十三歲，公熊十七歲。這些確認完年齡後放生的黑熊，沒有任何一頭再度掉入捕熊陷阱。至於有害捕獲日本黑熊的情況，二〇〇四年秋季北陸地區（包含新潟、富山、石川、福井共四縣，位於日本中部臨日本海沿岸地區之總稱）等地方政府實施有害捕獲黑熊，經調察研究顯示，總計一百五十八頭之中，其母熊最高年齡爲二十三歲，公熊二十五歲[39]。另外，群馬縣立自然史博物館研究員姉崎智子，調查一九九七年到二〇一三年該縣有害捕獲之三十七頭日本黑熊年齡，其公熊最多爲十六歲，母熊二十歲[40]。由此可知，野生黑熊不太容易活超過二十歲。而且公熊壽命似乎比母熊短。包含人類在內，母比公長壽也是各種哺乳類動物常見現象。至於動物園飼養的黑熊呢?大概可活超過三十歲。前述上野動物園的白化日本黑熊活到三十三歲[21]，廣島縣安佐動物園的母熊高壽三十八歲，都比覓食艱難的野生黑熊活得久。另一方面，日本黑熊族群調查發現，大部分成員爲十歲以下。針對栃木縣有害捕獲個體，並實施調查的栃木縣「森林管理事務所」（私人企業）員工丸山哲也指出，「被有害捕獲壓力」可能會降低黑熊族群的平均壽命[41]。後面章節也會提到，野生日本黑熊死亡的一大原因是遭人類捕獲。

日本黑熊族群繁衍策略，包含相對晚開始的繁殖年齡、較低的繁殖率（每胎只生一到兩頭）以及長壽，其族群增加率明顯低於野生梅花鹿與山豬，此特徵一般認爲與大型森林野生哺乳動物的日本髭羚（譯按：又名「日本鬣羚」或「氈鹿」，爲羊亞科斑羚屬動物，台灣長鬃山羊也屬此科）類似。不過，千葉縣立中央博物館研究員落合啟二指出，日本髭羚繁殖率其實比野生梅花鹿還高[42]，反而野生日本黑熊繁殖率尚未有精準掌握。整體而言日本黑熊沒有領域概念，覓食空間也比生活領域固定的日本髭羚寬闊，其壽命應該要更長、族群繁衍速度要更快，但事實似乎剛好相反。

冬眠

棲息台灣等溫暖地帶的亞洲黑熊，只有懷孕的母熊會冬眠[43]。過去許多人以爲，位於紀伊半島等常綠闊葉林溫暖地區的日本黑熊不冬眠，但近來確認日本全國黑熊都會冬眠。研究發現，日本黑熊等熊類冬眠不全是爲了度過寒冷冬季，其實主要是爲了能在冬季食物缺乏時挨過飢餓[44]。例如，當秋季森林堅果生產量大、長時間可於森林地面撿到足夠的堅果，日本熊類會因此很晚才冬眠。反之，若秋季堅果產量不足，熊類爲節省熱能消耗，就會提早冬眠。透過衛星追蹤日光足尾山區的日本黑熊，發現當堅果歉收時，黑熊約十月下旬到十一月中旬就早早進入冬眠；若堅果豐收，則至十二月上旬到下旬才冬眠[45]。另外，懷孕的母熊爲保護母胎，會慎重選擇安全的冬眠環境，公熊及未懷孕的母熊則不太計較，有些冬眠地點可直接看到牠們。我個人也曾看到冬眠中的黑熊雖躲進樹根樹洞，卻能看到其屁股。也有的藏在樹枝折斷所形成朝上之樹洞內，如此冬眠難免直接被雨淋到或被雪覆蓋（圖1-7）。美國棕熊也有類似現象，牠們有時會直接臥倒平原冬眠，下雪身體被雪蓋住也不在乎。顯然下雪對於黑熊並不是什麼大問題。

熊類在冬眠期間也可能會更換冬眠穴。二〇一三年，透過衛星追蹤日光足尾山區大型公熊，發現有的進入三月還更換地點，移動到距離原穴2.5公里的地方繼續冬眠。信州大學助教瀧井曉子於二〇一〇~二〇一一年，經由衛星追蹤幾頭日本黑熊，發現其中有三頭母熊在一個冬季內

圖1-7　粗齒櫟樹洞冬眠的亞洲黑熊露出屁股（東京都奧多摩町）

更換一到好幾個冬眠穴[46]。生態學上如何解釋熊類更換冬眠穴的行為尚有待確認，筆者曾聽到的例子是，受到獵人狩獵或林務局人員山林作業干擾的黑熊可能會換穴。我也有過在山區做研究時，冬眠黑熊突然衝出來的遇襲經驗。冬眠黑熊醒來且立刻快速行動非常罕見。因冬眠節約熱能消耗、保護肌肉，讓黑熊進入不消耗蛋白質肌肉的模式[47]。因此，熊即使會像人類昏迷或昏睡多日後醒來，但也是全身無力。

各地區日本黑熊的冬眠期略有差異，其時間點與長短主要受棲地緯度高低、海拔高度以及前述堅果結果量多寡而影響。大體上日本黑熊從十至十二月進入冬眠，一直到隔年三至四月結束。早或晚進入冬眠，以及冬眠期長短的主要影響因素，依據前述山本俊昭先生，以衛星追蹤長野縣輕井澤地區複數日本黑熊，觀察其進入冬眠與結束的研究資料分析發現，日本黑熊不論公母進入冬眠的時間點，主要影響因素是十一月平均氣溫及粗齒櫟結果量；冬眠結束時間點則主要與三月平均氣溫有關。因此，若前一年秋天粗齒櫟的結果量大，公熊則會提早結束冬眠。母熊進入冬眠與結束的時間點，則加上是否已產子之因素[48]。氣溫影響方面，平均氣溫較高的地點，其黑熊食物供給期相對較長，故前一年秋季所結的果實，也許至春天仍有些許殘留於森林地面，這也可能是公熊提早結束冬眠的主因。當然，冬眠前公熊若能攝取大量脂肪，則較有體力於初春就醒過來活動。總之，日本黑熊冬眠期長短受冬眠前攝取食物質量影響。最好的證明是，相對於日本野生黑熊全部冬眠，動物園的黑熊因飽食無虞，故不需冬眠。為了協助黑熊恢復冬眠習慣，之前的上野動物園長小宮輝之，於二〇〇六年打造亞洲黑熊冬眠展示館「黑熊之丘」，有了低溫設施搭配斷絕食物供給，成功引導黑熊完成冬眠。又若冬眠前母熊已生產，為確保育兒期間能取得足夠的食物及幼熊安全，母熊結束冬眠的時間點可能會晚於公熊與單身母熊。而且即使從冬眠醒過來，也不會馬上遠離冬眠穴地，而是先在附近覓食。

冬眠主要利用樹洞、岩穴、土穴等場所。如前述，黑熊冬眠地點有的會讓身體外露，有的位於溫暖樹洞之深處，做法有千差萬別。有的黑熊會在冬眠穴內鋪上芒草、檜木葉等，也有的什麼也沒鋪。黑熊使用冬眠穴的做法與習慣，是依環境而定或依親子教導傳承而定，目前尚不了解。許多研究人員利用無線電或衛星追蹤黑熊，發現黑熊不會重複使用自己睡過的冬眠穴，亦即用過即丟。但被用過的冬眠穴未必會一直荒廢，前述在輕井澤町做研究的玉谷宏夫先生發現，有些黑熊會利用其他黑熊用過的冬眠穴來冬眠。

活動範圍與活動模式

日本黑熊通常不會成群結隊行動，除了育兒期間母子同行之外，基本上都是單獨生活。但也有例外，如同胎所生的複數黑熊即使離開母熊獨立，仍可能有段時間會一起行動。至於夏天發情期的黑熊，當然也會出現公熊持續跟隨母熊，伺機尋找交配機會的狀況。一般認爲，黑熊無領域性，不會排斥對方的活動範圍，我就曾在日光足尾山區觀察到，某面積只有0.25平方公里的秋茱萸（牛奶子）樹林，於果實成熟季時，同時吸引母子三人行以及其他四頭單獨行動的黑熊前來覓食。不過，岐阜縣與神奈川研究人員追蹤黑熊發現，同性別黑熊似乎有彼此排斥的傾向【49、50】。長野縣北阿爾卑斯地區研究人員也曾觀察到，公熊將母熊趕出堅果產量豐富之林地【51】。深入了解這類案例，可從黑熊近親行爲的角度切入。以衛星追蹤日光足尾山區複數母熊，並聚焦於血緣關係而分析其活動範圍，發現黑熊近親之間的活動範圍和非近親黑熊相比，明顯重疊。亦即母親的行動領域傳承給女兒，再傳承給孫女，三代母熊利用的土地彼此相近。這種重疊狀況在堅果歉收、黑熊活動範圍擴大的年分會被打破，等到堅果生產旺季（秋冬）結束的春夏期間，母熊們才又回到原來的生活圈【52】。可見母熊具有很強的「定居性」（活動範圍固著性）。因此，探討母熊的空間利用模式時，應注意利用相同生活圈的母熊是否有血緣關係。另外，黑熊近親之間是否存在「生活領域相互排斥」的問題，也值得研究。

長野縣環境保全研究所岸元良輔研究員，其曾經做過類似的研究，他持續多年研究長野市飯綱高原日本黑熊的生活圈變化，包括當地離市區不遠、並於淺山定居（含母熊在內）的好幾頭黑熊，經調查確認母熊會反覆在相同地點分娩及育兒[53]。本案例特殊之處在於，對於空間利用習性偏保守且不愛遷移的母熊，爲何斷然從世代久居的深山而搬遷到淺山地區，並在此定居、生產與育幼？其次，日本黑熊親子教育與知識傳承期相當長，且生活圈可能因爲親子傳承而重疊。在此情況下，未來淺山可能會成爲更多黑熊的生活空間。這似乎也可用來說明下一章所要討論的日本黑熊分布區域擴大現象。另外，我也很想了解，母熊是基於怎樣的原因才會進行大搬遷，並改變原有的活動範圍。我長期追蹤日光足尾山區的幾頭母熊發現，即使秋季堅果歉收年分被迫長距離移動，待入冬後仍會回到原地冬眠。

如何計算日本黑熊活動範圍的大小，學界有許多人發表過論文，但計算方法相當分岐，有「最小凸多邊形法」（minimum convex polygon）、「核密度法」（kernel density estimation）與「局部凸多邊形法」（local convex hull）等，但目前以單一方法長期追蹤黑熊的研究案例還不多，很難論斷何種方法最優。以黑熊活動範圍似乎會隨季節變化的日光足尾山區爲例，以「100%最外廓法」連續多年衛星追蹤其活動範圍大小，發現成年母熊活動範圍約一百～二百平方公里。因成年公熊頸圍大於頭圍，研究人員若裝置頸圈容易脫落，很難連續多年以衛星追蹤掌握其活動範圍變化。不過大體推估，其活動範圍大小約二百～三百平方公里。另一方面，定居性格較強的奧多摩山區之黑熊，連續多年利用無線電追蹤其活動範圍的變化（採「100%最外廓法」），發現成年公成平均約五十平方公里，成年母熊約二十幾平方公里[54]。奧多摩山區黑熊追蹤調查工作於一九九二年即展開，經長期調查發現，當地黑熊活動範圍比預估還小，就連一般認為牠們不會靠近的山凹聚落，也驚人地觀察到黑熊竟能持續不被居民發現、並長期出沒於聚落周邊，甚至還潛入聚落。當地黑熊因應秋季堅果產量多寡而改變活動範圍大小，但活動範圍核心區域變化不大。另一方面，為了和奧多摩山區作比較，而於二〇〇三年將日光足尾山區併入黑熊活動範圍調查研究計畫，於當地第一次發現戴上衛星追蹤項圈的某成年母熊，一口氣竟能移動數十公里，和奧多摩地區的黑熊有明顯差異。足尾山區黑熊為何如此大範圍移動，係受秋季堅果結果量多寡而影響的結果，這點容後再述。

再來看一些高山地帶日本黑熊活動範圍的研究案例。長野縣北阿爾卑斯野生動物保護管理事務所研究員泉山茂之與白石俊明，其連續多年實施日本黑熊無線電發報器繫放追蹤研究，發現公熊活動範圍約九十平方公里，母熊約五十五平方公里，且呈現不同季節，其所在位置之海拔差異明顯之特徵，亦即冷暖季節變化時，日本黑熊會垂直移動[55]。此外，東京大學研究員橋本幸彥，在調查琦玉縣秩父山區黑熊時發現，相同區域、相同族群之母熊其夏季活動範圍變大，秋天則縮小[56]。

可見不同地區的日本黑熊，其活動範圍大小差異相當大，但共同點是母熊活動範圍皆比公熊小。

最後來探討黑熊的活動模式。過去有人誤以為日本黑熊具夜行性，但其實不然，黑熊基本上是晝行性動物。且不同季節及不同地區的黑熊，其活動力大小也呈現不同模式，但大體上都是從黎明起展開活動，日沒前後時活動力也很強。調查日光足尾山區，透過衛星頸圈內藏活動感測器的數據顯示，日本黑熊於初夏到晚夏的活動模式，即不分公母都是黎明活動力呈小高峰狀態，然後逐步增強，最高峰是日沒前後，入夜後則幾乎停止活動[45、47]。又於入秋後，正值堅果類攝食期（食慾亢進期），不止全天候進食，甚至連夜間活動量都比夏天多一些[45]。可能是為了儲存冬眠所需的能量，此時黑熊分秒必爭不斷進食。畢竟特別對母熊而言，在秋季攝取食物、累積體脂肪，攸關其冬季能否順利完成繁殖。這段期間儲存的體脂肪甚至能利用到隔年夏天。至於黑熊秋季所儲備的體脂肪可利用多久，則又是另一個問題，將於另章探討。

日本黑熊基本上都是晝行性，但偶爾也會出現夜間活動模式。這方面常見原因為，黑熊因某種因素而出沒於人類社區，並依賴人類食物存活，此時就會變成夜間行動。這部分於第三章將作深入探討。

攝食習性與森林所扮演角色

前述，日本黑熊是偏植物性的雜食性動物。但雖說雜食性，不同季節黑熊喜好之食物仍不相同。具體來說，春季主要吃草本與木本類的嫩芽與新葉、花朵，乃至於前一年秋季掉落在森林地面的堅果類。在春天，黑熊甚至也會把撐不過冬季而餓死的梅花鹿屍體當作食物。

夏天時，日本黑熊的主要食物是草本、漿果類及群居性的昆蟲（蜜蜂與螞蟻類）。栃木縣日光市民眾橫田博先生觀察到好幾次，足尾山每年六月左右是梅花鹿的產子季，日本黑熊會襲擊、捕食幼鹿，推估是公熊所爲。除了餓死的成年梅花鹿與新生幼鹿之外，大體上春夏兩季亞洲黑熊所能取得的食物並不營養，能提供的熱量有限。

在秋季食慾亢進期，日本黑熊能飽食日本山毛櫸與枹櫟堅果。這些堅果類大多於九月中旬之後逐漸成熟。堅果種類方面，東北與北陸地區主要是日本山毛櫸屬，關東以南則是枹櫟屬，但日本山毛櫸結果實週期相當長，日本黑熊不一定能連年穩定取得這種食物。另外也有特殊例子，三重縣尾鷲市居民吉澤映之，其觀察到紀伊半島於秋初時有枹櫟堅果，晚秋則有照葉樹林帶錐栗殼斗科與橡樹堅果。

六月到八月黑熊的主要食物是杉木、檜木、落葉松等針葉樹樹幹形成層[58~61]，形成所謂的「熊剝樹皮」現象。有人認爲，此現象主要出現在食物匱乏的季節，亦即夏季[60]。黑熊這種行爲嚴重破壞西日本爲主的人造針葉林，造成經濟損失慘重，近幾年東日本也出現這種現象而且愈來愈嚴重。爲解決這項問題，四國與紀伊半島地方政府祭出捕熊令，這也正是這兩個地區日本黑熊族群減少的主因。「熊剝樹皮」的問題，於第三章將深入探討。

東京農工大學小池伸介教授與森林總合研究所研究員正木隆，曾合作進行關東地區日本黑熊糞便研究，經由蒐集不同山區的黑熊糞便，希望能由此了解黑熊的食物。兩人彙整了有關日本黑熊食性的論文與調查報告，綜合整理出關東地區的日本黑熊常攝取的九十種果實[62]。這些果實之中，攝食堅果類須嚼碎，故從植物的角度來看，黑熊攝食堅果行爲等於破壞了自己的繁衍機會，原本可能發芽長成樹的種子竟然被熊吃了。反之，日本黑熊吃完漿果類果實後，種子會隨糞便排出，仍具發芽能力，故種子繁衍不受影響。小池伸介指出，山櫻花果實種子多又大，相對於小鳥等種子散播動物，日本黑熊更能以不消化破壞種子繁殖能力的情況下，大量將植物種子帶到遠方。亦即，黑熊是優秀的種子散播者[63]。黑熊常和人類生活或利益產生衝突而被視爲問題製造者，但其實牠們扮演協助森林演替更新的角色。另外，森林總合研究所研究人員直江將司等專家指出，許多人研究地球暖化對未來樹木分布的影響，主張改變樹木生育地讓樹木往已暖化的北方傳播，但事實上降低地球平均氣溫更有效的方法之一，是讓植物往垂直、更高海拔移動。研究證實，日本黑熊能讓植物種子往高海拔「垂直移動」。以霞櫻爲例，日本黑熊能將霞櫻種子垂直往三百公尺高海拔地點散播[64]。海拔逐漸提高、物候學（生物季節學，phenology）作用下的霞櫻產生由低往高依次結果實的現象，日本黑熊也樂得在不同時間都有果子吃，因此更樂於將霞櫻種子散播到更高海拔山區。

當然，也有人認爲實際應驗證日本黑熊所散播的種子，是否在適合生長的地點落地。亦即日本黑熊是否眞的有助於森林再生與存續，這也是能讓一般民眾更願意了解黑熊的話題之一。

本節最後，探討不只是因單純食物問題而發生的日本黑熊「同類相食」（Cannibalisation）現象。這些年來，日光足尾山區除了發現死亡幼熊屍體被其他黑熊啃咬的痕跡之外，成年日本黑熊糞便也曾出現其他日本黑熊的身體部位，不免令人懷疑日本黑熊是否會同類相食。二〇一五年，前述橫田博先生錄影拍攝到畫面，一頭我們團隊以衛星追蹤繫放的八歲母熊，其偕子同行卻遭遇敵意公熊。雖幼熊立刻逃到樹上，但仍被巨大公熊追殺吃掉。該母熊隔年又誕下一子，仍被公熊吃掉（是否爲二〇一五年相同公熊所爲不得而知）。總之，這頭母熊所生的幼熊連續被公熊啃食，當時任職富山縣北阿爾卑斯立山破火山口砂防博物館研究員的後藤優介先生，其在「命案現場」附近架設攝影機拍攝野生動物，剛好拍到相關畫面。這現象背後的原因是單純的同類相食，還是像非洲公獅那樣爲了傳承自己的基因，而殺害其他公獅所生子女，並讓母獅重新發情？總之，日本黑熊「殺嬰」（infanticide）行爲有必要進一步研究。若答案是後者，即在日本黑熊與人類頻生衝突地區，常見公熊捕殺非自己所生幼熊，或許就是地方政府定期捕殺公熊，讓其他公熊趁虛而入所致。亦即，人爲捕獲是否會造成日本黑熊生態混亂，有必要深入研究。

日本黑熊對食物多寡的因應之道

本節將深入探討本書主題之一的「黑熊如何因應食物多寡變化」。原因是日本黑熊食物多寡可能每年變動，而黑熊因應這種變動的求生行爲，可能與人類產生衝突，甚至惹來殺身之禍。

再次說明，冬季植物性食物匱乏，黑熊爲避免飢餓會冬眠。其中，懷孕母熊習慣於冬眠期間順便生產、育兒，因此秋天食慾亢進期須高效率大量進食、儲存體脂肪，體重較夏末暴增幾成。其秋季主要食物，是前述富含脂質與碳水化合物的日本山毛櫸與枹櫟屬喬木堅果。日本山毛櫸果實脂質含量特高，且無一般山毛櫸屬所分泌、令動物忌避（不敢食用）的單寧酸，堪稱最佳食材。但黑熊咬碎堅果種子攝取其果仁，對於生產堅果的植物而言，意味著喪失繁衍後代的機會，因此，植物本身漸漸的產生某種戰略，它們會讓整片地區的堅果結果量同步增減，因而產生豐收年與歉收年差異極大之狀況，如此就能抑制以堅果爲主食的動物數量。以堅果爲主食的動物有昆蟲類、鳥類，以及鼠類、山豬、鹿、日本黑熊等哺乳類。

在山毛櫸科（殼斗科）堅果之中，日本山毛櫸屬（水青岡屬）分布範圍廣，且能於較長期間內維持相同的結果豐收或歉收狀態，亦即結果多寡週期循環較長，而因歉收期間同樣會持續數年，動物們也就連續數年吃不到該種果實。奇妙的是，只有連人類都覺得好吃的日本山毛櫸才有此特殊習性。與此對比，枹櫟屬植物就不具備果實生產同步性，結實多寡週期也不像日本山毛櫸那樣長。森林總合研究所研究員正木隆團隊，在日光足尾山區，針對約四百平方公里區域內，實施以堅果爲首的數種樹木結實年變動定量調查。爲有效推估各種樹木的結實量，他們開發了望遠鏡目測枝梢果實的計算方法[65]。結果發現該區域日本山毛櫸分布相當有限，且結實多寡週期非常長，在調查實施的那幾年都不見豐收。相對的，枹櫟屬之中特別是粗齒櫟分布廣，且果實歉收年仍會有部分區域結果，歉收區域也仍有幾棵結果實。亦即粗齒櫟結實豐收或歉收不會全部同步，和日本山毛櫸頗不相同。

整體而言，枹櫟結實多寡週期短，產量比較穩定。正木先生傳神地指出，若把日本黑熊嗜食的堅果類類比於日本愛吃的米食類，那偶爾才能吃到的日本山毛櫸屬果實就像節慶美食糕點，而枹櫟則像日常主食的米飯（含單寧酸，不是那麼可口）。正木團隊於日光足尾山區的堅果產量調查顯示，粗齒櫟分布範圍廣且高低海拔都有。該團隊進一步調查粗齒櫟的物候學與日本黑熊採食之因果關係，發現粗齒櫟結實季節性（粗齒櫟物候學內涵之一）不受區域位置與海拔高低影響，分布很平均，而且也不受日本黑熊是否採食影響[66]。換言之，粗齒櫟的確堪稱日本黑熊的「米飯」，爲垂手可得之日常食物。

問題是，日本山毛櫸有時連續好幾年不結果實，如果剛好又碰到結實多寡週期較短的粗齒櫟也歉收，就可能出現一整年分大片地區都無堅果生產之窘境。

日本黑熊爲了因應秋季堅果類結實不穩定之狀況，有些會自我調整在堅果歉收年分尋找替代食物；有些堅持吃粗齒櫟，就只好擴大覓食範圍，爲了找到少數有生產堅果的區域，或在大體上無堅果生產區域內，努力尋找少數有生產堅果之樹木。當然，山毛櫸科堅果結實量調整的時間軸很長，日本黑熊為了適應這種狀況，必定早就具備遇堅果歉收年時，即擴大覓食範圍的能力，以便即使食物短缺仍能存活。估計幾十萬年前日本列島出現黑熊以來，這樣的調整就不斷地在進行，也因此今天日本黑熊個別都擁有數十到數百平方公里、遠大於其他哺乳類動物的活動範圍（行動範圍），是名副其實日本森林食物鍊頂層物種。

由豐收年（精確來說為高於五年平均產量）與歉收年堅果產量觀察日光足尾山區黑熊活動範圍，發現堅果歉收年不論公母熊秋季活動範圍都明顯擴大。此時牠們的足跡甚至會往低海拔地區延伸。這意味著牠們可能前往生產粗齒櫟或栗子堅果的低地森林[67]。堅果歉收會逼迫行動保守的母熊為求活命而大膽遠行。比較堅果歉收年與豐收年之秋季公母熊移動距離的差別，豐收時公熊仍會走很遠，母熊則走不遠。但歉收年時公母熊移動距離都遠大於豐收年。值得注意的是，此時公母熊移動距離差異不大[68]。亦即，歉收年為了尋找食物，連母熊也和公熊走一樣遠。前述母熊突然一口氣遠行數十公里，原因即在此。研究人員曾跟蹤發現，於歉收年分之秋季公母熊同時走遠路，其共同目標是一補丁大小的有堅果林地，即使如此仍有一大堆熊蜂擁而來。而且這一大群公母熊有志一同往遠方相同地點跋涉，幾乎都是直線前進。黑熊們彷彿腦中有地圖，既不會繞遠路也不會找不到。那牠們如何知道遠方有一個食物區呢？這是黑熊自行學會的還是透過母親傳承知識呢？

附帶一提，上述於日光足尾山區、日本黑熊長距離所覓食的目標小區域，目前在環境省網站公開的植被圖並未標示。環境省建置植被圖目的不在此，不能歸咎他們。因此，我們利用更高精度的人工衛星圖像，重新製作涵蓋該調查標的區域的10×10公尺精度植被圖。這種新植被圖可清楚說明豐收年時黑熊移動軌跡，但仍難充分解釋歉收年黑熊的移動模式[69]。即使堅果生產林非常小，黑熊們仍能精準掌握。要解開這項謎題、了解歉收年時黑熊活動模式，仍須做更多的黑熊追蹤與現場實勘。

不同季節的堅果結實量對日本黑熊有何影響，許多研究人員進行相關研究。例如，森林總合研究所大井徹先生，其研究西中國地方山區黑熊的進食模式，所採取的方法並非追蹤黑熊足跡，而是分析有害捕獲黑熊之胃內容物。結果發現當黑熊大量出沒於相同地區時，每頭黑熊所能取得的食物量明顯因此降低，故必須尋找替代食物，此時黑熊就可能出現異常舉動。另外，西中國地方除了枹櫟之外，山茱萸屬堅果的結實多寡對於黑熊覓食模式的影響也很明顯[70]。另一方面，紀伊半島有一片日本黑熊棲地，擁有本州唯一的錐栗與橡樹類照葉樹林。長期觀測黑熊覓食行爲的三重縣尾鷲市研究人員吉澤映之，發現當地黑熊於秋初會先吃枹櫟屬堅果，中秋之後改吃錐栗與橡樹堅果，這些堅果類豐收或歉收明顯影響了日本黑熊的覓食活動模式。

但問題是當堅果歉收季導致黑熊求生覓食、活動模式因而改變，這卻也成爲發生人熊衝突的主因。長遠來看，人類來到日本的數萬年前，黑熊即廣泛分布於日本列島，但目前平地與低海拔山區的廣大土地都已被人類開墾，導致人熊衝突嚴重，於堅果歉收季黑熊擴大活動範圍時，人熊衝突機率更是大增。另外還有個問題，那就是靠近人類生活圈的黑熊容易在那附近發現殘羹剩飯，社區內外有居民採剩的果實，也可能吃到戶外寵物與家禽、家畜飼料等具高營養價值與卡路里的食物。黑熊飲食習性和人類其實相似，一旦吃到美味的食物就不太願意回到原來的粗食。亦即，嚐過人類美食的日本黑熊賴在人類社區周邊久久不願離去，人熊衝突問題因此惡化。而且，若有此行爲的母熊生下幼熊，幼熊長大後可能會延續這種行爲模式。至於出現在人類社區周邊的日本黑熊有哪些奇怪行動，第三章將舉例深入探討。

美國某國立公園管理處，其免費贈送入園遊客汽車後保險桿貼紙，上面寫著“garbage bear, dead bear”（吃垃圾的熊等同死熊），警告遊客不可餵食野生熊類，若熊類習慣人類的食物，會很容易和人類產生衝突而被射殺。

此外，前述當堅果歉收時，黑熊會大幅擴張活動範圍，確實是人類生活圈周邊突然大量出現黑熊的主因之一。當然，其背後因素可能是黑熊森林棲地受到破壞，只好離開往外跑，這些現象都應一併納入考量。這部分課題將在第二章深入討論。

難以掌握黑熊春夏之交的生態

日本森林總合研究所岡輝樹團隊發現，在日本東北地方，日本黑熊被有害捕獲（射殺）的件數與日本山毛櫸堅果結實量多寡呈明顯正相關【71】，這也印證了前節「日本黑熊會因應食物量變動而改變活動模式」之觀測。岡先生指出，因覓食而改變活動範圍的現象同時發生在某區域範圍內所有黑熊身上【72】。不過，日本黑熊集體往人類社區周邊移動，多半與堅果覓食無關。在秋天堅果生產季之前，亦即九月之前，牠們就已往人類社區方向移動了【66】。有人認爲黑熊預測今年堅果歉收，因而提早改變覓食地點。這項推測尚未有研究成果證實，相當可惜！

主要困境在於日本黑熊於春夏季的生態習性研究極爲有限。到目前爲止本州各地許多人做過黑熊食性之先行研究，確認冬眠醒來後正值春夏之交，黑熊會依次食用新葉、花、果實（漿果）、群聚性昆蟲等，但各種食物所占比例有多大、量有多少，以及這些食物貢獻了黑熊多少營養，仍有太多未知數。

日光足尾山區「抓拍」（手持相機動態拍攝，Snap photography）研究顯示，黑熊愛吃春天樹木新芽，因爲新芽蛋白質含量高，且纖維質含量低[73]。因黑熊爲食肉目，消化系統對於葉片的消化效率差，策略上只能在萌芽期進食。不過這段黃金時間只有兩週左右，十幾天的進食量能貢獻多少營養，仍有疑問。此外，當春天過去、夏季來臨時，日本黑熊吃很多群居性昆蟲（蟻類），但所攝取的能量可能低於基礎代謝量[74、75]。蟻類食物蛋白質含量高，可取得大量必需胺基酸，有利於哺乳母熊及成長中的青少年熊[74]，但仍不足以補足冬眠期間消耗的體脂肪。據了解，不只日光足尾山區，本州各地日本黑熊都會攝食蟻類。岩手大學安江悠眞與青井俊樹團隊，在岩手縣遠野市，以GPS項圈調查日本黑熊棲息與覓食環境時，發現針葉林枯木常見蟻穴，這些螞蟻「營巢木」是熊類覓食的重要目標[76]。

上述討論可看出一項事實，那就是剛結束冬眠的日本黑熊，若要完全補足於冬眠期間所耗損的大量體脂肪，除了啃食冬季餓死鹿的屍體或捕食黑熊幼仔，還眞是別無他法。

日本黑熊不同季節的活動量（熱能消耗量）變化如何，以日光足尾山區，透過衛星感應頸圈追蹤的黑熊爲例，圖1-8是其春天一直到秋天的活動量變化軌跡[77]，可看出冬眠結束後活動量緩慢上升，到七月形成一個高峰，在八月左右突然降低，九月又快速增加，直達十月最高峰。十月最高峰活動量如前述，乃日本黑熊準備度冬的秋季食慾亢進期。至於個

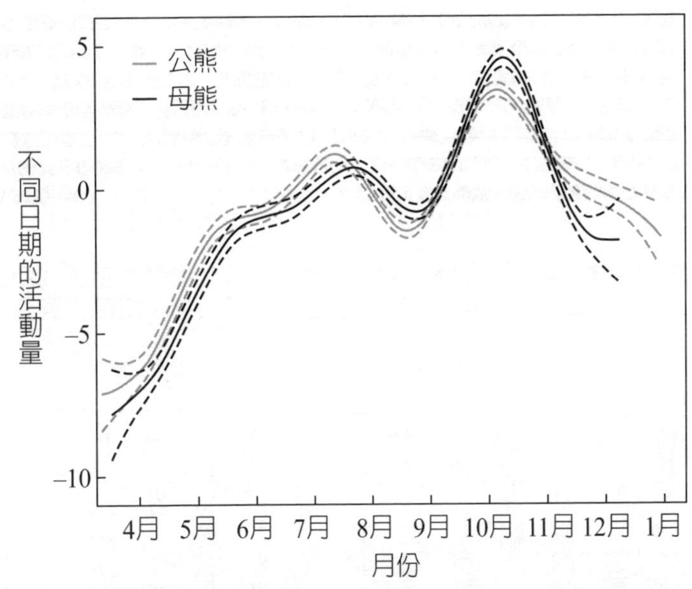

圖1-8　日光足尾山區亞洲黑熊活動量季節變化（引自kozakai et al., 2013）採用一般化加法混合模型。細實線公熊，粗實線母熊，各自的虛線代表95%信賴區間（Confidence interval, cl）。

別黑熊的行爲模式，以單身成年母熊爲例，研究人員發現牠們在七月曾經整整一週位置沒變，如圖1-9所示，白天或夜晚都停留在相同地點[74]。東京奧多摩山區亞成公熊也有類似夏季行動停滯現象。從擬人化的角度看，幾乎是「反正沒啥可吃，乾脆靜止不動」。這是因食物匱乏的黑熊，以「夠支撐基礎代謝即可」的覓食策略，可稱爲「夏眠」。加拿大阿爾伯塔大學（University of Alberta）安得紐・迪洛謝爾教授指出，北極

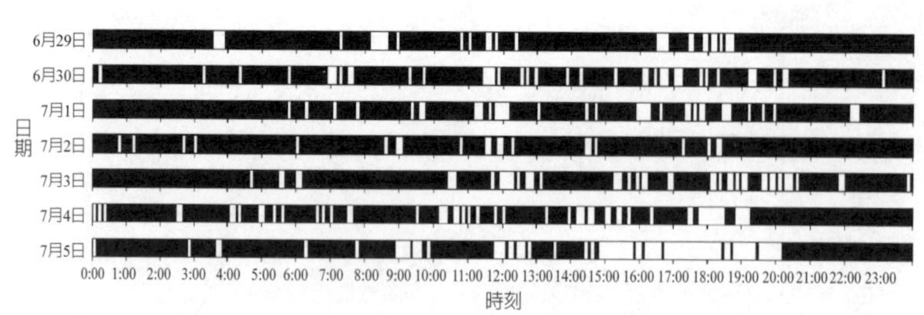

圖1-9　日光足尾山區亞洲黑熊母熊夏季一天活動量變化表（引自Yamazaki et al., 2012）黑色代表無活動，白色代表有活動。

熊也有類似行爲，是爲了克服夏季食物短缺的生存策略。

另外，還有一些有趣的先行研究。研究顯示，栃木縣日光山區所捕獲之黑熊，其骨髓內脂肪量（FMR）從四月起一路走下坡到八月，九月之後隨堅果結實反轉上升【78】。於岐阜縣捕獲黑熊的腎臟脂肪量研究也指出，七、八月的黑熊腎臟脂肪量處於最低水準【79】。

綜合上述研究成果發現，結束冬眠後的黑熊會逐步增加活動量，卻總找不到足夠恢復冬眠所喪失體脂肪的食物，因此七、八月時被迫降低活動量以避免體能耗費。北海道大學獸醫學山中淳史教授研究發現，日本黑熊體內脂肪消耗順序爲皮下脂肪與體腔內脂肪同步消耗，然後才消耗骨髓內脂肪【80】，因此，前述栃木縣黑熊的FMR研究顯示，當地黑熊到了七、八月分應該是非常虛弱（體脂肪嚴重耗損）。當然，七、八月黑熊體脂肪殘留量除了受前一年堅果結實量多少影響之外，在結束冬眠到夏末之間能否吃到鹿肉等高熱能食物也攸關重要。另外，不需育兒的黑熊，例如無子女之母熊，或不參與繁殖交配活動的亞成熊，可能還沒到八月就已降低活動量以減少能量耗損。若這項假說正確，也許日本黑熊這種動物的習性是，從前年秋天攝食期所攝取、儲存於體內的脂肪，得慢慢使用以撐到隔年堅果結實期才能恢復。

爲了驗證上述假說是否正確，我們在日光足尾山區展開日本黑熊生理研究，除了量測活動量大小，也利用感測器（資料紀錄器）量測其心跳與深層體溫，並監測日本黑熊春夏兩季的生理變化。此項研究展開不久，已初步確認夏季日本黑熊生理變化相當大。

近年日本黑熊頻繁靠近人類社區的問題，無法只用堅果結實狀況來加以解釋，但從春夏兩季體脂肪存量變化等生理狀態，來掌握黑熊的年齡級別、性別、社會階層與地位等，以及春夏兩季的採食生態，或許能進一步解開謎題。

第二章

森林與人類活動之變化

這些年來，日本黑熊出沒民眾社區周邊已成常態。出沒頻率時高時低，特別明顯的年分稱為「大量出沒年」。第一次全國各地出現這種現象是二〇〇四年，然後幾乎以隔年又一次的頻率反覆發生。黑熊大量出沒具體年分為二〇〇四年、二〇〇六年、二〇一〇年、二〇一二年、二〇一四年以及二〇一六年，其結果是每次大量出沒年都有二千～四千頭，甚至更多日本黑熊遭到捕殺，同時也發生數起民眾被黑熊攻擊致死，以及超過百人的受傷案例。當然，這是全國性數字統計，各別地區則互有差異。一有某地區發生黑熊出沒或攻擊民眾的事件，都可能會被全國性地大幅報導，並使民眾產生誤解，以為到處發生黑熊攻擊人類的事件，因而無法客觀冷靜地看待黑熊問題。

不可否認，日本黑熊與民眾衝突的問題已經嚴重到無法視而不見的程度，其他有熊類棲息的先進國家與開發中國家都不曾發生這種狀況，筆者在參與國際性熊類研究會議時提到此問題，每每都令各國學者瞠目結舌，並追問原因何在。當然，這不是能簡單回答的問題，我只能以並不擅長的英文努力說明，而且問題產生機制尚有諸多疑點有待釐清，因而解釋格外困難重重。本章即鎖定這組問題，從日本黑熊棲息環境發生什麼變化，以及森林棲地與人類的關係這些年有什麼變化來切入，並嘗試解開謎題。此外，本章聚焦的研究區域是日本黑熊的「分布前緣」，亦即其活動範圍最靠近人類社區的淺山地區（日文「里山」）。此處「淺山地區」指日本山邊民眾入山從事生產活動（農業、林業、狩獵採集等）、從社區出發而能一天來回的範圍。這樣的定義較之報章的「山邊地區」或許大一些，但不可否認，近年來日本山邊民眾入山工作的行動範圍比早期大得多，甚至有人認為，許多西日本山邊民眾所謂的一天來回「工作地點」，其涵蓋深山山頂[1]。雖然有想過使用「中山間地域」一詞（根據日本農林水產省的定義，「中山間地域」是指平原外緣到山區的區域），但考量到該詞彙較為生硬，故決定使用「里山」。

1 日本黑熊分布區域急速擴大

探討日本黑熊大量出沒的背後原因，首先要掌握的，是目前各地區日本黑熊的分布狀況及族群數目。這問題不易回答，特別是族群數目多少，日本黑熊這種森林性大型哺乳類實在很難精確推估。

關於各地區的黑熊分布，環境省曾做過幾次全國規模調查，做法是將全國劃分為5×5公里的網格，針對每網格參考地方社團等建立的資料、實施在地民眾問卷，打聽、蒐集日本黑熊棲息之資訊，並彙整成全國性資料庫[2]。因為各別只是籠統數字，最後也沒辦法確認全日本有多少日本黑熊族群。

第一次實施於一九七八年，第二次於二〇〇三年。有趣的是，兩次調查相隔之二十五年期間，有日本黑熊出沒的網格增加了七百二十二個（增加6%），總推估黑熊數目增加達28~34%。其中，族群分布擴大最明顯的是東北地方（有黑熊棲息之網格率增加10%）、中部地方（增加9%），以及近畿地方（7%）[2]。

上述第二次調查後的隔年（二〇〇四年），剛好就是第一次黑熊的「大量出沒年」，似乎也印證了黑熊族群在日本分布擴散的事實。但只能得知黑熊分布擴大，卻因囿於經費有限，故環境省並未實施更精準的全國規模黑熊分布區域調查。

在此情況下，由民間來承接相關工作，日本熊類保育聯盟（JBN）展開爲期十年的調查，並於二〇一四年發表成果[3]。正確來說，JBN並無資金與人力能實施類似環境省之前的全國日本黑熊分布調查，因此只能在二〇〇三年環境省調查報告的基礎之上，針對黑熊分布區前緣展開2.5次網格調查。和環境省做法略有不同，該聯盟針對能清楚劃定範圍的區域，來區分大量出沒年與平常年而製作出黑熊分布圖。資訊來源則是民眾與地方保育社團、當地黑熊研究者所提供的目擊報告，以及有害與管理、捕獲通報等。我也曾參與JBN調查計畫，了解該工作困難重重。畢竟各地黑熊保育社團手中並無二〇〇四年之後每年黑熊出沒的調查報告，只能依賴媒體不深入也不完整的報導，其資訊正確性與發生日期、現場實際狀況等都不夠精準。例如，位置資訊最重要的是經緯度，但自治體各自劃分網格，因此，該聯盟取得的資訊很多重疊，且公部門野生鳥獸保育業務主管官員每幾年就會異動，常發生繼任者找不到前任所建立之資料庫的狀況。總之，這類資料是監測各地區日本黑熊族群數目變化之基礎材料，最好逐年長期累積。眼前的困境是，即使二〇〇四年之後日本黑熊開始大量出沒各地，但遲至二〇一七年仍未建立具足夠整合性的日本黑熊集團分布資訊系統，其解決對策將於第六章深入探討。

值得注意的是，根據JBN完成的調查報告顯示，二〇〇三年之後的十年之間，日本黑熊分布區域呈驚人擴張趨勢（圖2-1）。但如前述，JBN並未實施普查，而只是針對部分環境省二〇〇三年調查報告之分布前緣地區，來做概要的後續調查，無法確認全國黑熊族群網格增加率多大。而且，只將大量出沒年之黑熊位置資訊定義爲「分布」，

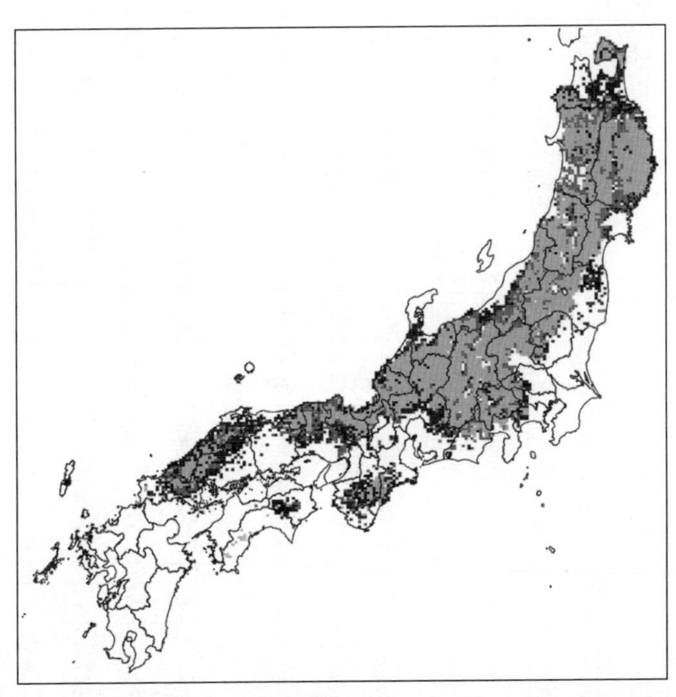

圖2-1　2013年日本亞洲黑熊分布圖（引自「日本熊類保育聯盟」，2014）。淺灰色為1978年，深灰色為2003年，黑色為2013年之分布。

略嫌粗略，如何更精確應用這些調查成果，是未來努力的目標。

不過，至少目前已確認，除了四國與九州無增加之外，本州從中國地方一直到東北地方，日本黑熊幾乎都明顯呈現分布區域擴大的態勢。曾任長野縣環境研究所研究員的岸元良輔先生（目前任職NPO法人信州日本黑熊研究會）指出，長野縣飯綱高原研究案例顯示，部分出現在低海拔地區的日本黑熊，可能已經把淺山區域當作自己的棲地，這也證實了JBN日本黑熊分布區域全國性擴大之說法。

雖然JBN只調查黑熊分布最前緣多出來的黑熊棲地，但還是可以運用其調查成果，並和二〇〇三年的調查結果來作比較，進而掌握各地區狀況。其中，東北地方增加三百七十五個網格，關東地方增加七十三個網格，北陸地方增加一百五十七個網格，中部地方增加一百四十五個網格，近畿地方與中國地方則分別增加二百三十九與三百二十八個，總計增加一千三百一十七個網格區域。對比一九七八～二〇〇三年二十五年間本州全部只增加七百二十二個網格，這十年增加速度之快令人驚異。倒是回頭來看四國地方的黑熊分布區域，其二〇〇三～二〇一三年變化不大，仍侷限於德島縣與高知縣交界之劍山山脈及其周邊，這代表四國日本黑熊可能遭遇族群生存危機，如何保育是未來一大課題，第五章將深入討論。

再來看JBN的分布調查，發現二〇〇三年環境省「紅皮書」列入「有滅絕之虞地區族群（瀕危地區族群）」的下北半島、紀伊半島、東中國地方山區、西中國地方山區的日本黑熊族群，這幾年卻呈現分布區域擴大的現象。特別是中國地方乃「東中國地方族群」與「西中國地方族群」之銜接地帶，早期並無黑熊出沒的紀錄，因此也沒有分布網格標記，但其中的岡山縣地區，經此次調查卻出現日本黑熊的蹤跡。甚至於江戶時代歷史記載已滅絕之黑熊，本次調查也再次出現。除此之外，尚有福島縣、宮城縣、茨城縣、栃木縣之阿武隈山區以及神奈川縣箱根山區等，本次也發現黑熊再度現身。或許是二〇〇三年普查不夠詳盡，才會有這麼多地點「首度發現黑熊」，最近就連緯度那麼高的津輕半島，都確認有日本黑熊分布。

套疊Google Earth人工衛星於二〇一三年拍攝的分布區域圖，發現目前幾乎本州所有森林地帶都有日本黑熊分布。無日本黑熊之森林地帶極少，只剩茨城縣筑波與加波山區、千葉縣房總半島、石川縣能登半島、神奈川縣與靜岡縣伊豆半島等地。其中，房總半島自古即無日本黑熊出沒的紀錄，加上周邊大都市環境不可能出現黑熊，即使出現也難以存活。上述房總半島之外的無黑熊地區，未來是否有日本黑熊出現並非全無可能，這點將另章探討。例如，石川縣擬定日本黑熊復育管理計畫，有遠見地將能登半島劃定爲「非開發區」，事先保留日本黑熊可能的生存空間。

由分布區域圖可看出，這些年日本各地頻繁地出現黑熊，原因之一便是黑熊分布區域擴大。黑熊分布區域爲何擴大，學界尚未有定論，且分布區域擴大是否即代表日本黑熊族群數目增加，同樣眾說紛紜。但至少可確認一件事實，日本黑熊分布區域全面性擴大，而其中部分前緣靠近人類社區或活動區，很有可能不小心彼此遇到就造成人熊衝突。另外，一九七八年、二〇〇三年與二〇一三年所進行大規模的日本黑熊分布調查，已確認日本黑熊分布區域擴大，我們不禁好奇在一九七八年前的狀況如何？亦即，一九七八年調查成果所顯示的日本黑熊分布，在近世（江戶時代，一六〇三～一八六七年）直到現代的黑熊分布區域大小變化過程中，居於何種地位？

2 黑熊出沒民眾社區

一開始是幾年前媒體突然喧騰「黑熊異常出沒」的話題，講的繪聲繪影加上許多人加油添醋，後來常態化失去新鮮感，漸漸便無人報導。但問題並未解決，黑熊依舊異常頻繁出沒，人熊衝突危險因子還在，必須掌握狀況、儘快適正管理。

首先應了解過去發生的問題實況。例如，從各地黑熊的捕獲統計來看，日本全國整體呈現「黑熊大量出沒」的現象，但各地實際狀況卻頗有差異。此外，一般所謂的「捕獲統計」，其包含「有害捕獲」（槍殺）與依據特定計畫所實施的「管理捕獲」，卻未納入狩獵統計數字。

附帶一提，目前政府單位判斷黑熊出沒數量多寡所依據的統計數目，並非實際將出沒於社區的黑熊逐一累計，而是權宜地將地方自治體等單位，其所掌握的有害（或管理）捕獲之日本黑熊的數量設定爲「黑熊出沒數目」。此時「捕獲數目」如前述，包含捕獲後予以殺死的黑熊數目，以及比例較小、經捕獲後教導其人類可怕、不可再靠近社區後釋放的「野化訓練」（rehabilitation）黑熊數目。因此，實施先進黑熊管理對策，且不殺害誤入社區黑熊的地方政府，將其驅逐入山的黑熊數目不列入「捕獲數目」中。如後述，近畿地方（特別是兵庫縣）就有這種情況。按理說，要掌握黑熊出沒社區附近的狀況，應實施錄影監測，但這項措施所需預算、人力、技術可觀，不是所有地方政府所能負擔，確實是一大難題。

討論目前全日本各地社區出現黑熊出沒的狀況，首先各地區域劃分方法如下：東北地方（青森、岩手、宮城、秋田、山形、福島），北陸地方（富山、石川、福井），甲信越（新潟、山梨、長野），關東地方（栃木、群馬、琦玉、東京、神奈川），東海（岐阜、靜岡、愛知、三重），近畿地方（滋賀、京都、大阪、兵庫、奈良、和歌山），中國地方（鳥取、島根、岡山、廣島、山口），這項區域劃分方法與二〇〇三年環境省日本黑熊分布調查做法略有差異，主因在於「捕獲統計」的累計方法不同。另外，我的統計數字涵括年分為一九九八～二〇一五年（十一月底為止之暫定值）（圖2-2）。

由下頁數據圖表可看出，全國各地捕獲數最多的三個年分，依次為二〇〇六年、二〇一〇年與二〇一四年（並列）、二〇一二年。各地的狀況則不一致。東北地方出沒數最多年分依次為二〇〇六年，二〇一二年與二〇一四年幾乎相同，然後是二〇〇一年，是本州該年分唯一大量出現黑熊的地區。反之，本州其他地區捕獲數都前三名的二〇一〇年，東北地方反而數據不高。北陸地方捕獲數多寡依次是二〇〇四年、二〇一〇年、二〇一四年與二〇〇六年。這四個年分之外都呈現少於一百頭的穩定低量。甲信越與關東地方捕獲數最多年分皆為二〇〇六年，其餘依次也是二〇一〇年、二〇一二年、二〇一四年。東海地方捕獲數最多的年分是二〇一四年，二〇〇六年與二〇一〇年也不少，和甲信越以及關東地方相仿。近畿地方較為特殊，到二〇〇九年為止十餘年期間，每年捕獲數不超過五十

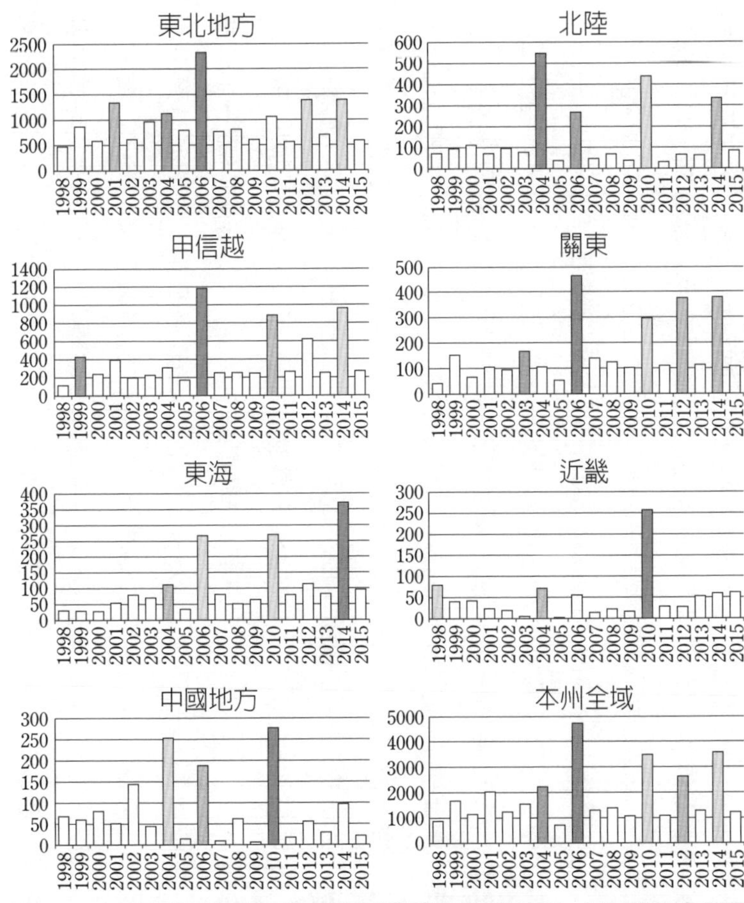

圖2-2 日本不同地區亞洲黑熊捕獲數年變動統計（參考環境省調查報告）暗灰、淡灰、白色分別代表各年度捕獲數前三名。橫軸為年度，縱軸為捕獲個體數。

頭，二〇一〇年卻突然暴增到二百五十六頭，是之前年平均的五～十倍。近畿地區是日本率先實施日本黑熊出沒驅趕等非致死性管理的地區，黑熊出沒與捕獲數目落差應該相當大，但二〇一〇年捕獲數卻暴增，原因有待釐清。倒是，同樣二〇一〇年捕獲數大增的還有中國地方。只不過中國地方二〇〇四年與二〇〇六年，甚至是二〇〇二年也都有不少捕獲量，不像近畿地方二〇一〇年捕獲量早地拔蔥。

由上頁圖表勉強可看出一個趨勢，那就是二〇〇六年、二〇一〇年與二〇一四年黑熊捕獲數全國性地增加，而且很湊巧的是，這三個年分各自相距四年。當然，不能說這可完全適用於全國的黑熊捕獲趨勢。森林總合研究所岡輝樹先生，利用一九九〇年起全國各地所完成黑熊捕獲數（有害捕獲數）統計，並調查各地區（都府縣）的增減變動模式，發現以富山與長野兩縣爲界的東日本與西日本兩大區域，黑熊捕獲數各自呈現差不多的趨勢變化[4]（圖2-3），但即使如此，兩大區域之中仍都有些區塊和周邊的縣不太一樣。可見到目前爲止，日本黑熊捕獲年增減變化趨勢並非全國一致。

包含岡輝樹先生在內，許多日本黑熊捕獲數研究都利用上述環境省調查報告之各縣捕獲統計，再參考各縣自行掌握的數字，這便是目前都府縣唯一可用的捕獲數統計方法。亦即除了明確呈現各縣的地區性狀況，同時也能推估都府縣的黑熊族群數目。當然，就

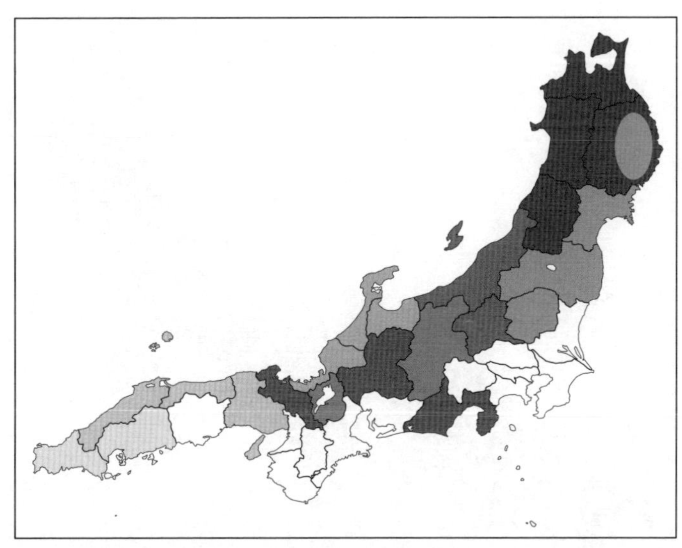

圖2-3　相鄰區域亞洲黑熊捕獲數大致相近（Oka, 2006），相同調查系統所呈現的捕獲數相近。白色代表樣本數較少地區。

生態學而言，黑熊族群經常跨越行政地界，管理工作不能各自爲政，早在一九九二年就有人依據這樣的概念，提議將全日本劃分爲十八個「日本黑熊保育區」，以區爲單位推動保育與管理工作[5]（正確來說，當時專家列出十九個保育區，但依據幾年前環境省「日本黑熊已在九州滅絕」之判斷，將保育區修改爲符合現狀之十八個）（圖2-4）。當時提議十八個保育區的人認爲，這種規劃可掌握各地日本黑熊族群，呈現地理特性且方便行政管理。但除了將全國黑熊劃成十八個族群之外，其實應該做基因定

圖2-4　1992年學界人士所提案之亞洲黑熊保育管理族群單位劃分表（引自「日本野生生物研究中心」資料，1992），九州部分當時的資料省略。

序，但可惜二十五年來黑熊族群全面基因定序的工作並無進展。未來若能以基因定序之黑熊族群爲基準實施管理，應該會有更好的成果。例如，前述二〇一〇年東北地方，其亞洲黑熊捕獲數比前幾年只略爲增加，但當地的奧羽山地與山形縣兩大族群，其二〇一〇年日本黑熊捕獲量卻是歷年最高。

至於捕獲季節方面，不同年分季節捕獲量也不同。過去各地大多於夏末到秋季捕獲數逐步增加，但櫔木縣於二〇〇六年統計，顯示夏季六月就出現捕獲數字，入秋後捕獲數持續不斷。二〇一〇年則是夏季無捕獲數字，秋季十月有段空檔無任何捕獲（圖2-5），可見不同年分乃至不同地區的日本黑熊，其出沒與有害捕獲數量多少會變化。

總之，二〇〇〇年之後，日本各地開始傳出大量日本黑熊出沒以及有害捕獲的消息。類似狀況至今反覆發生，但各地黑熊捕獲量多寡變化並不一致，甚至連黑熊出沒季節的高低峰在各地區、不同年分也不同。因此，精確掌握各地區日本黑熊有害捕獲數量，應長期觀測各個黑熊族群之行

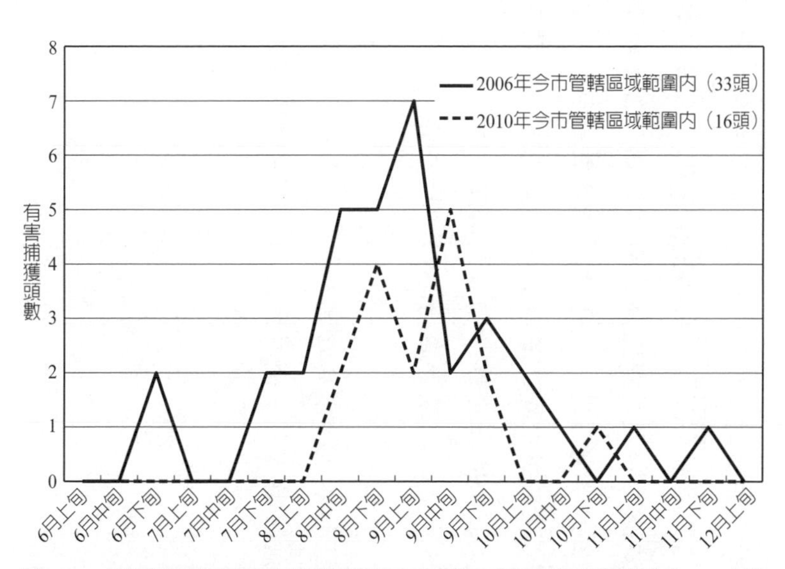

圖2-5　同地點不同年份所呈現的月季別亞洲黑熊捕量變化。（依據栃木縣狩獵統計做成）

動，來取得客觀數據。

3 日本黑熊出沒之機制

由上可知，這些年來本州各地黑熊持續以間隔幾年擴大一次的頻率，逐漸擴大其分布區域，且愈來愈常出沒於民眾社區附近。但問題是，爲何日本黑熊會愈來愈頻繁地出現在社區周邊呢？

二〇〇四年，第一次發生日本黑熊大量出沒，中央與許多地方政府研究機關、大學、博物館等，紛紛投入龐大經費，試圖解開此現象謎題。政府部門野生動物研究一向經費不多，日本黑熊研究突然獲得如此大量經費與關注，實爲異數，但不可否認日本黑熊活動模式研究因此取得巨大推動力。例如，森林總合研究所研究員大井徹先生（現任教於石川縣立大學理學部），曾主持一項長達五年的研究計畫「日本黑熊出沒機制解明及其出沒預測方法開發」（環境省公害防治等試驗研究費計畫）。當時我也是此一計畫的協同研究者，因此有機會在栃木縣日光足尾山區，實施大量日本黑熊衛星遙測追蹤，在許多黑熊身上裝置感測頸圈，本書之撰寫也獲益於該研究計畫成果良多。

首先，我想應該探討日本黑熊大量出沒的直接原因。早期一般認爲原因是秋季食物不足，這部分第一章已有說明。對於日本黑熊而言，面對冬季，特別是有些母熊需要更大能量以便生產與育兒之際，秋季就得大量進食，以儲存更多體脂肪。秋季食慾亢進期的黑熊飽食、體重快速增加，此時牠們的主食山毛櫸科堅果（日本山毛櫸、犬橅仙毛櫸、粗齒櫟、枹櫟、栗子等）富含脂質與碳水化合物，卡路里相當高。我的團隊在日光足尾山區國立公園實施日本黑熊活動量研究時，顯示日本黑熊嗜食秋季堅果，原先晝行性的日本黑熊於進食高峰期也會出現夜間行動[6]。或許是因爲食物量多，故吃到欲罷不能，才從白天一直吃到晚上。但如前述，這些堅果類樹木在一定範圍內，其結實量會同步增加或減少，且不同年分產量多寡差距甚大，以調控或減輕動物過度依賴該植物、過度攝食導致該植物可能滅種之壓力（攝食壓力）。在這樣的植物自我防衛機制下，事實上日本黑熊不可能年年都能大啖堅果類度冬。堅果類之中美味的日本山毛櫸屬更是常常連續好幾年吃不到。也因此，過去學界普遍認爲，堅果食物來源不穩定，是日本黑熊被迫往人類社區靠近的主因。我在日光足尾山區確實觀察到類似現象。亦即堅果歉收年公母熊都大幅擴大活動範圍，原本活動範圍不大的母熊，爲了取食也進行不下於公熊的長途跋涉。我們實施衛星追蹤調查，發現這種現象相當明顯（參照第一章）。

但事實上如前述，在堅果結實期之前，日本黑熊活動範圍已有擴大的現象，這部分值得深入探討。亦即，秋季前食物多寡會明顯影響日本黑熊生理。但可惜春夏兩季的黑熊生態內涵爲何，目前尚未有明確的研究成果，黑熊春夏活動模式與生理反應，同樣是未來研究重點。主要因食物歉收年，黑熊會往低海拔山區尋找替代食物（粗齒櫟、栗子等），或進入民眾社區靠果樹、廚餘、農作物、養魚場死魚、飼料等生活。長距離移動找食物的過程中，不少日本黑熊特別依戀能提供大量卡路里食物的民眾社區。但這容易與人類正面遭遇，甚至造成傷亡等衝突。筆者曾在長期實施黑熊衛星追蹤研究的日光足尾山區發現，有些黑熊在長途移動找尋食物中，偶然路過蘋果園、養魚池等人類活動區域，受美味食物吸引而不願離開，進而被民眾報警射殺。如何確認日本黑熊是否攝取了人類的食物，甚至是依賴人類的食材呢？常用的方法是檢驗黑熊的毛髮或骨骼樣本，其所含氮與碳之穩定同位數比值即歷時重現進食內容，了解是否爲闖入養魚場吃魚等「問題熊」[7]。

吃過人類食物的黑熊容易賴著不走，日光足尾山區有堅果歉收年時，於淺山覓食之老齡公熊一直賴在某養魚場的例子（詳見第三章）。該公熊被捕前整整一個月守在養魚場附近，且未曾離開。牠爲了偷魚，從原本的晝行性改成夜行性，且因貪食死魚及魚飼料，造成體重暴增【8】，還養成吃飽睡、睡飽吃的習慣。岩手縣盛岡市【9】、東京都奧多摩町【10】、福井縣大飯町與永平寺町等許多地區，都有類似黑熊吃人類食物變成夜行性活動的案例。當時福井縣自然保護中心之水谷瑞希研究員，其研究福井縣一頭賴在人類社區的黑熊行爲模式，發現因爲人類食物變成晝伏夜出的黑熊，其行爲模式改變之臨界點推估爲人類社區外圍五百公尺。亦即日本黑熊吃到人類社區的食物後，仍持續待在社區五百公尺範圍內，爲避免遇到人類，且方便利用夜色偷食物，就會從晝行性改成夜行性。此時黑熊有點像人類的小偷心理，而正因爲擔心被發現，加上黑熊神經更敏銳，會緊張地注意周遭動靜，此時一旦與人類正面遭遇，就可能會失控發動攻擊。因食物不足往低海拔移動的日本黑熊，在發現人類食物美味後賴著不走，確實容易誘發人熊衝突，這點將於另章詳細討論。

倒是，日本黑熊研究所米田一彥研究員認爲，日本黑熊靠近人類社區，甚至發生人熊衝突造成人員傷亡，原因或許與颱風等天氣變化（氣溫與氣壓）有關。這項假設相當有創意，期待有人能加以驗證。

探討可能引致日本黑熊出沒人類社區的因素時，首先我們必須承認，如前述，近年來日本黑熊分布區域不斷擴大而愈來愈靠近人類社區，只要山區發生食物不足等小小的環境變化，黑熊就容易往人類社區周邊移動。但我們不禁也好奇，爲何近二十年來原本待在深山的日本黑熊會大舉往淺山擴張地盤？許多專家認爲原因在於人類本身。亦即山區人口高齡化、過疏化，「做山」（上山從事農牧等生產活動）的人愈來愈少，這也是日本黑熊等野生動物活動範圍擴大的主因之一【12】。不幸的是，這種狀況未來還會持續惡化。日本內閣府相關研究報告指出，結婚年齡提高、不婚率上升與少子化等趨勢下，日本長期人口趨勢將持續減少，預計二〇二六年人口將跌破一億二千萬人，二〇六〇年掉到九千萬人以下。屆時淺山地區的過疏化、高齡化問題還會更嚴重，人聲稀疏的偏遠聚落愈來愈多，日本黑熊等野生動物分布區域必然擴張。另外有專家認爲，人類尋常活動的淺山地區具備看起來像馬賽克拼貼圖案、食物多樣化的環境，原本就適合野生動物棲息，一旦民眾高齡化、無力阻擋野生動物闖入，就可能出現不怕人的「新生代黑熊」。而成年母熊變成不怕人，其子女也會學習這種習性，一代傳一代，使狀況愈來愈惡化。

探討日本淺山地區人口過疏化與高齡化問題，需從頭了解山區民眾營生模式的歷史變化。大概從近世（江戶時代）到現代，日本山地大量開發成伐木場、燒木炭場、坡地旱田、採茅場等【13】。戰後則是有段時期木材需求量增加，山區擴大造林，許多林地改造成樹種劃一的杉木林、檜木林等針葉樹人工林。在山區大範圍人工林化之下，不可避免讓棲息當地的大型野生動物失去覓食機會，深山不再是最佳棲地。但近幾年人工林採伐後不再造林、逐漸恢復闊葉樹二次林林相，山區樹木覆蓋率擴張，甚至一直延伸到山麓民宅家門口。於是，黑熊等棲息環境改善，繁殖率提高，這部分後面將進一步討論。

最後，平地社區等原本不可能出現野生黑熊的地區，這幾年開始意外的出現。特別是長野縣長野市JR車站及周邊社區，連續闖入多頭日本黑熊（二〇一二年十月）；富山縣富山市有海岸釣客被日本黑熊從背後襲擊（二〇一〇年十月），這些都成了全國大新聞。如前述，人熊遭遇、人熊衝突層出不窮，代表黑熊分布區域，亦即活動範圍已經非常靠近人類生活空間，只要有沿河川分布的河畔林等作爲通道，黑熊就很容易不知不覺走進人類社區。事實上，二〇〇四年富山縣各地就已陸續傳出日本黑熊出沒人類社區的案件，有關單位在現場勘查時發現，日本黑熊多半經由河畔林、河階地樹林、河灘地灌木林、草地等進入民眾社區，而大部分黑熊鎖定的目標，其實是秋季社區內外結實纍纍的柿子[14]。

4　日本黑熊數量增加中

前述日本黑熊分布區域擴大的主因之一，是牠們常態出沒於人類社區周邊。我們不免好奇，分布區域擴大是否也意味著棲地的日本黑熊密度提高？答案是未必。例如有人認爲，深山實施人工造林降低黑熊棲地食物量，黑熊爲求生，只好往更容易覓食的低海拔山區移動。這便是所謂日本黑熊族群分布「落花生現象」。亦即，黑熊總數量並未改變，但牠們大量離開深山而前往淺山區域謀生，深山棲地已空洞化。日本黑熊保育人士認爲若是這種情況，則應改善、恢復黑熊的深山棲地環境，並實施闊葉林（柴栗等）造林。

上述闊葉林植樹能否發揮黑熊保育效果，仍有待驗證。首先必須同時進行深山與淺山日本黑熊棲地及活動範圍監測。只是如前述，黑熊這類行蹤飄忽的野生動物，其族群數量推估原本不易，加上研究預算與人力有限，只能採取相對性的調查方法，亦即設定某些指標監測其變化，這部分將另章細論。

回到日本黑熊數量問題。至二〇一〇年，日本政府已近二十年未實施全國性黑熊棲地與活動範圍調查以估算其數量，因此只能利用既有的黑熊數據資料，來二度推估日本黑熊族群數量。最初推估日本全國黑熊數量的單位是日本野生生物研究中心，於一九九二年完成調查報告，其推估全日本黑熊約八千四百頭到一萬二千六百頭。該數字得出之方法爲，先彙整一九八〇年代日本各地方政府的黑熊數量報告，然後用黑熊平均棲息密度0.15頭～1.1頭/平方公里，乘以一九七八年分布區域調查取得的日本黑熊棲地網格面積【15】。如此得出來的數值當然粗略，但畢竟一九七八年之後，有二十年左右未再做全國性族群分布調查與公布其數量，因此只能沿用該數據。而因為環境省紅皮書將部分本州地區，以及四國大部分地區的日本黑熊族群列入其中，不仔細看的日本民眾容易以為全日本黑熊都遭遇滅絕危機。

所幸二〇一一年，環境省生物多樣性中心終於展開第二次全國黑熊棲地調查與族群數量推估，除了利用既有數據之外，又以層次貝葉斯模型推算法（Hierachical Bayesian method estimation）進行推估，得出的數值高低差距相當大。依據既有資料推估，全日本黑熊約一萬二千二百九十七頭到一萬九千九百九十六頭（中位數一萬五千六百八十五頭）。以層次貝葉斯模型推算法算出三千五百六十五頭到九萬五千一百一十二頭（中位數一萬四千一百五十九頭，90%信賴區間）[16]。其中，貝葉斯模型推算法的推估值高低差距特別大，可能是分析所需之密度指標數據信賴度高低差太大所致，但整體而言，其所取得之數值仍稍大於一九九二年之推估值。

一九九二年調查取得之棲地族群數量推估值太久遠，參考價值不高，然而二〇一一年推估值則似乎太低。道理很簡單，因二〇〇〇年之後反覆出現黑熊大量出沒社區周邊及人熊衝突事件，有的年分捕殺多達數千頭，但即使如此，之後黑熊仍不斷出沒各地，可見其族群數量母數遠大於上述兩項推估值。話說回來，二〇一一年進行全國黑熊數量推估時，將二〇〇四年與二〇〇六年黑熊大量出沒年的捕獲數作爲密度指標，也納入計算條件，按理說已反映大量出沒之現象，不過最後得出的推估數字，似乎仍與實況有些距離。

那麼，是否有更好的黑熊族群數量推估方法？首先值得注意的是，各地執行黑熊數量推估的單位是地方政府，而黑熊管理做的最好、最進步的是兵庫縣，因此不妨以兵庫縣作爲參考指標。當時兵庫縣森林動物研究中心坂田宏志研究員團隊，其持續累積精密調查數據，並推估該縣之日本黑熊數目。該團隊每年加入最新調查數值，不斷提高推估之可信賴性。該團隊同時使用層次貝葉斯模型參數法與馬可夫鏈蒙地卡羅方法（Markov Chain Monte Carlo methods，通稱MCMC）兩種統計模型，並以自行蒐集的縣內出沒黑熊通報件數、捕獲數、捕殺數、標誌野放數與再捕獲數據等作爲密度指標。結果，二〇〇三年推估219.5頭（SD ± 66.3頭），二〇〇六年321.8頭（SD ± 79.4頭），最近的數字則是二〇一二年593.3頭（SD ± 154.4頭），顯示該縣十年來黑熊數量大約增加一倍多，推估年自然增加率約16.3%[17]。這樣的數據似乎就能解釋，正因爲該縣黑熊族群數目增加，分布區域擴大、才會有愈來愈多黑熊「定居」於淺山地區。前述，兵庫縣熱衷黑熊保育與管理，即黑熊若進入民眾社區儘量不捕殺，而予以野放，這應該也是該縣黑熊數量增加的要因之一。

不過，前述環境省生物多樣化中心，與兵庫縣使用層次貝葉斯模型參數法所推估之黑熊族群數量，係以捕獲數作爲棲息密度之代理變項（又稱代理變量，proxy variable），得出的推估數字可能過大【18】。未來如何建立更精準的黑熊族群數量推估方法，也是一大課題。

附帶一提，兵庫縣之外的日本地方政府如何推估日本黑熊族群數量，以及怎樣做黑熊管理呢？首先，須掌握各都道府縣黑熊數量才能適當管理，但現實上有些地方政府的黑熊數量推估方法很粗糙，很少能像兵庫縣那樣運用精密統計模型。爲解決黑熊大量出沒造成社會不安的問題，以及化解地方政府統計黑熊數量方法落後之困境，環境省因此編列「環境研究總合推進費」，於二〇〇九～二〇一一年度專案實施「熊類數量推估方法開發之相關研究」（http://www.bear-project.org/index.html）。本專案研究劃分棕熊與日本黑熊兩種，日本黑熊選定岩手縣北上山區作爲試驗調查地，導入以動物毛髮基因分析判別動物數量的「毛髮陷阱法」（Hair Trap method），以及架設遙控相機、以精準高效率推估野生動物族群數量的「相機陷阱法」（Camera Trap method）。另外，新潟大學大學院（研究所）東出大志教授（目前任職早稻田大學），別出心裁利用日本黑熊胸部斑紋各自不同的特性，並開發出獨特的個體辨識方法[19]。黑熊數量推估方法是應用黑熊衛星定位資訊，也就是所謂的全新「貝葉斯空間明示型標示再捕獲模型」。爲求更精準推估，並搭配使用毛髮陷阱法、相機陷阱法以及數據分析方法。東出教授在自己的官網公開其所使用的統計軟體與各種套裝軟體的操作方法，各地方政府主管野生動物的農業、保育部門，皆可從該網站下載操作指南「相機陷阱調查指南——日本黑熊胸部斑紋之效果穩定攝影方法」（http://www.bear-project.org/pdf/Tebiki/Camera_trap_manual(rev).pdf）。

雖然尚無法斷言，兵庫縣十年內增加近一倍的狀況，可能也發生在本州各地。亦即日本黑熊分布區域擴大有可能是全國性的，這也意味著黑熊管理緊迫性提高，須實施更高強度的管理。另外，已有二十年未實施黑熊全國數量調查，用參考多年前已不可靠的黑熊數量估算數據所訂出的管理對策，可想而知一定無法對症下藥。或許就是因爲長期缺乏精準管理，才造成當黑熊突然常態大量出現時，令地方政府手足無措的窘境。總之，現行日本黑熊數量推估方法漏洞很大，即使因預算與人力有限，使政府無法連續全國性實施黑熊數量調查，至少也應擇點進行長期深山與淺山地區之日本黑熊監測。

5 曾經童山濯濯的日本山地

如前述，一九七八年、二〇〇三年與二〇一三年調查結果顯示，日本的黑熊分布區域持續擴大。只可惜無法得知一九七八年之前的狀況，究竟當時黑熊是數量少且侷限於某些小塊區域，還是像今天這樣廣泛分布，都是缺乏數據但很重要的問題。事實上這點若無法確認，恐怕就很難掌握日本黑熊的分布區域，並制定有效的管理方針與策略。

要掌握日本黑熊過去的分布狀況，有效方法之一是，了解黑熊棲息環境森林之歷史性變化。以筆者一九九一年起長期駐點研究的東京都奧多摩山地為例，該山地屬於橫跨東京都、山梨縣、琦玉縣的關東山地，當時已經被政府劃入秩父多摩甲斐國立公園，其靠山梨縣側為東京都主要水源地森林，擁有廣大闊葉林林相。除此之外的奧多摩山地多年來大部分已變成杉木與檜木林人工林。

奧多摩赤尾根居民大野國太郎（已故）於訪談中指出，終戰隔年（一九四六年）他開始在附近山區狩獵補充生計。當時他一路往東京都最高峰雲取山搜尋野獸，連續數日頂多看到一隻鹿，日本黑熊更是不曾見過。這在當時其實是「正常」的。戰前赤尾根地區的山坡都是「火耕旱田」，無成片森林景觀。少數林地只是薪炭林與採茅場用途，大部分山塊都光禿禿，難怪地名叫「赤指」。當地幾乎都是長期實施火耕的「火耕田」（奧多摩當地名稱爲「切畑」）。終戰美軍於一九四七年進駐實施空中攝影景觀調查時，也印證這項事實，大野先生的故鄉奧多摩町赤指尾根與石尾根一帶，站在地面即能平視遠方，且無森林景觀。

而且可能從江戶時代（一六〇三年～一八六七年）開始就是這種狀況。古代文獻中，江戶幕府一六六八年（寬文八年）曾丈量小河內地區農地面積，留下當地耕地幾乎都是「火耕田」的紀錄。另外，江戶時代奧多摩森林屬武藏國府管轄，古稱「杣山」（杣保），是該府山林資源供給場。所謂「杣保」，早在一三五四年（文和三年）就是鎌倉幕府公文用語，指地方政府經濟開發之山區，可見日本人開發運用山區資源歷史已久。時間來到戰後，由於廢墟重建需要大量木材，一直到一九六〇年爲止，日本政府全國性大規模進行杉木與檜木造林。若從鎌倉時代算起，奧多摩山地可說長達近七百年處於嚴重人爲開發狀態。可想而知，當地應該不太會有日本黑熊棲息。倒是，現在奧多摩山坡全覆蓋闊葉二次林，沒有任何地面裸露，樹林甚至擴張到淺山聚落門口。也所以大野先生提到，一九七〇年之後他經常在當地樹林看到黑熊（圖2-6、圖2-7）。

還有一個同屬關東森林的栃木縣足尾銅山林區，其也有類似狀況。二〇〇三年起，我

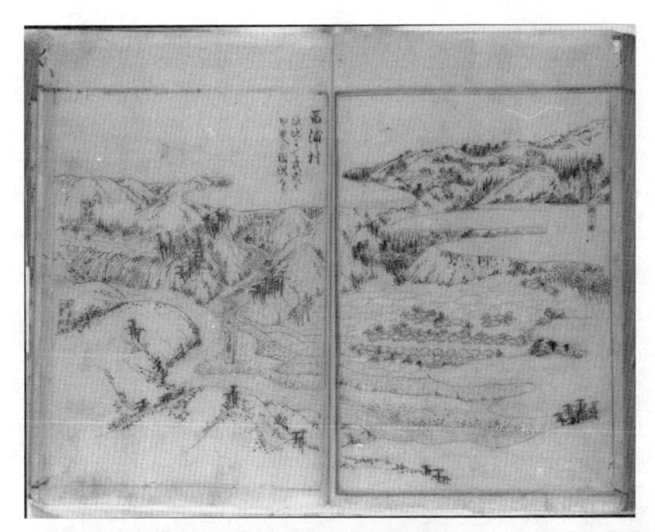

圖2-6 1820年左右奧多摩町留浦（舊留浦村）小袖川與多摩川合流點附近山坡狀況（引自《武藏名勝圖會》）。坡面除了松杉類針葉樹之外，幾乎不見其他樹種（個人收藏，日野市鄉土資料館提供）

圖2-7 現在的奧多摩町留浦的樣子

在那裡展開長期日本黑熊生態研究，確認當地是日本黑熊重要棲地，且族群密度相當高，但事實上足尾山區早在慶長年間（一六〇〇年代）就被幕府劃爲「直轄礦山」，並開始採銅。到了一八〇〇年民間企業進駐採掘規模擴大、效率提高，到一九七三年廢坑爲止，三百多年來一直是日本主要銅礦產地。周邊包括銅山所在地足尾町（目前的「日光」）、群馬縣側片品村、沼田市等地森林大量砍伐，用作坑道坑木與煉銅燃料。在那個無鐵公路的時代，要將砍好的木材與人員運輸，只能在山區架設索橋、人工運送。爲此，當地形成有學校與寺院的不小聚落【20、21】。到了接近一九七〇年代，當地銅產量快速萎縮，森林砍伐應該也是同步降低。有趣的是，和奧多摩地區狀況類似，一九七〇年代之前當地山坡也是光禿禿，完全不是目前滿山森林的景象。總之，足尾山區一九七〇年代之前無日本黑熊族群的棲息紀錄，原因當然就是整片山都是礦區且無森林，日本黑熊難以生存。

類似上述森林開發歷史也出現在西日本地區。當時京都精華大學小椋純一研究員（目前已轉任大阪府立大學研究員），蒐集近世繪畫並與山坡地植被作比對，發現早期西日本地區幾乎都無大片森林，很多圖畫中的山脈都是光禿禿的。西日本地區山坡地的地景主要特徵是分布眾多礦山與製鐵工廠。這需要製造大量薪炭與礦坑坑木，當然得砍伐大量森林，尤其是製鐵業發達的中國地方，其山地森林幾乎砍伐殆盡。

學者千葉德爾指出，亨保年間（一七一六年～一七三五年）中國地方山口藩禁燒山以保護森林[22]。不久後當地森林變得茂密，林中野鹿增加（因森林恢復，鹿的食物相對增加了），不料大量野鹿吃掉該藩重要收入之和紙原料構樹（鹿仔樹），故只好捕殺野鹿等大型森林動物。總之，西日本森林資源運用之澈底，是東日本難以想像的。

綜合前面奧多摩山地、足尾山地等案例，再加上西日本部分地區的狀況，再再都顯示一九七八年環境廳全國黑熊分布調查數據，可能代表數百年生存空間受壓抑的日本黑熊，其第一次族群分布擴大甚至往淺山地區靠近。細部而言，九州與四國地區在一九七八年之前，因高強度利用數百年森林加上強大的捕獲壓力，使日本黑熊處於滅絕危機。反之，數百年來本州的黑熊分布與數量有可能增加。當然這只是假設，事實還有待進一步驗證。首先得釐清的問題是本州森林開發利用狀況。例如，東北與北陸多雪地帶的森林利用模式，應該和太平洋側以及西日本不同。

6 獵人減少

戰後日本森林利用型態有很大的改變，其中也包含對黑熊等野生動物的「利用」。主要是各種不同型態的狩獵，例如東北地方自古傳承、名為「叉鬼」的狩獵集團，都是專業獵人。另外，有的農民為防範野生動物糟蹋農林而狩獵，然後也有自家消費或娛樂目的之狩獵，這些都會造成黑熊的生存壓力。

日本獵人開始使用現代獵槍之後，其槍術高超者受到民眾尊崇。一九七〇、八〇年代新聞常出現「擊斃巨大黑熊」、「打死母子熊」等報導，讓民眾給予獵熊獵人高度評價，乃是因為黑熊危害農林業、侵入社區威脅居民安全，故必須排除。在聚落附近被獵殺的日本黑熊，提供民眾珍貴肉類與內臟等蛋白質，而且膽囊是貴重的中藥材。總之，明治時期之後開放民眾擁有獵槍，且槍枝愈來愈精良，黑熊也因此遭遇更嚴重的被捕獲壓力。早期江戶時代（一六〇三年～一八六七年）嚴格管制民眾持槍，如同現今持槍者須定期現物檢查，特別是江戶及周邊區域管控非常嚴格。另外，遭有執照槍枝打死之危害農作物的鹿或山豬不能食用，而必須就地掩埋[23]。

明治時期之後獵槍管制逐趨嚴格，日本社會開始出現敵視狩獵行為，年輕世代厭惡殺生（殺害野生動物），社會氣氛不再容許成群結夥入山打獵，參與打獵的年輕人非常少。這種狀況直到戰後才改變。終戰隔年（一九四六年）開始，黑熊遭獵殺件數慢慢增加，一九六〇年之後增加速度提高，一路來到一九八〇年前後達到高峰。之後，一九八〇年代中期走下坡，至一九九〇年代被獵殺的黑熊每年只剩數百頭。獵槍執照發出件數也呈現相同的變化軌跡。一九七〇～八〇年，全日本擁有獵槍執照五十萬枝，之後由此高峰滑落，二〇一三年登記在案為十八萬五千枝，持槍者近七成（十二萬三千人）年齡大於六十歲，低於三十歲的持槍者只有四千人（環境省二〇一三年度統計）。

二〇〇七年發生長崎「佐世保獵槍掃射治安事件」（譯按：歹徒持具獵槍合格執照之來福槍，進入健身房無目標掃射，共殺害兩人、造成槍傷二十人），其震撼日本社會，二〇〇八年國會修改「槍刀法」（槍枝刀械管理條例），除嚴格審查持槍者資格之外，獵槍執照到期換證須參加技能講習（實際上得通過檢定），繁複瑣碎的規定大大降低民眾的持槍意願。特別是來福槍技能檢定及格標準相當高，高齡持槍者欲換照但通不過考試時，執照隨即被沒收。雖然二〇一五年該法再度修訂，並放寬部分規定，大眾對於持槍身分篩選仍有嚴格的印象。

但事實不然。這幾年日本內閣主管部門環境省與農林水產省，從防止鳥獸害的角度來看，開始推廣獵槍正當運用，鼓勵年輕民眾，特別是農林業從業者考取獵槍執照。環境省還撥款給都道府縣實施「聰明狩獵論壇」，吸引民眾成為「獵槍族」。只是，狩獵對象可能是黑熊這種大型野獸，許多民眾聞之卻步。畢竟這需要專業技術，只舉辦論壇恐難達成目標，政府培育獵手的目標可能還需要一段時間才能達成。

另外，二〇一五年修訂「鳥獸保護管理法」，建立鼓勵民間業者參與鳥獸捕獲之「認定鳥獸捕獲等事業者制度」（民間業者參與捕捉公告有害鳥獸辦法），希望引進更多狩獵新血，藉以填補老獵人凋零留下的人力缺口。除此之外，政府允許民間成立以狩獵為營業項目的「環境顧問公司」及保全公司，但投入者有限，目前日本黑熊捕捉仍多以陷阱完成，以獵槍捕獲的件數相當少。

日本各地黑熊大量出沒的現象，其背後原因不只是老獵人凋零，黑熊棲地山區村落人口過疏與高齡化也是一大問題。黑熊大量出沒的對策，包括在淺山村落與耕地四周架設通電鐵絲網，伐除、拆除可讓黑熊躲藏並藉以接近村落的樹林與遮蔽物等，並且減少庭院柿子與栗子等引誘黑熊靠近的農作物，以上都需要大量人力，但山區老人愈來愈少且體力衰弱，相關工作實在難以完成。

另外，日本都市地區民眾對森林保育與野生動物保育觀念之提升，即使是有害捕獲黑熊，媒體也不能使用「擊斃黑熊」的字眼。當然，民眾保育觀念強烈是好事，只是堅持保育讓深受日本黑熊出沒之苦的山區民眾進退兩難。例如，某山區居民實施黑熊有害捕獲，消息上報後，引來民眾打電話到當地區公所保育業務部門，以及捕獲黑熊的居民家裡抗議（不知為何他們能取得電話）。抗議者大多指責「那裡原本就是黑熊的家吧？」「是黑熊先住在那裡還是你？」「忍受一下不就得了？幹嘛殺黑熊咧？」等。

在此情況下，有些日本黑熊在白天進入居民庭院採柿子，並大塊朵頤。因保育風氣盛行，山區居民不能捕捉危害社區之黑熊，這種現象在四國地區特別明顯。但事實上，居民與黑熊之間仍須維持某種強度的緊張關係，必要時應該還是可以實施有害捕獲吧？這不是黑白分明、容易有答案的問題，如何才能解決淺山愈來愈多日本黑熊出沒的困擾，的確是一大難題。當然，只靠黑熊研究者不可能找出解決方案，希望政府單位能整合社會科學相關專家，並制定全面性的日本黑熊戰略與對策。

7 淺山機能喪失

首先，再度回顧第二章所述內容，撇除四國不算，整體而言自一九七八年以來，本州黑熊族群數量持續增加，應該是近二十年來黑熊出沒淺山社區常態化的主因。一直到一九七〇年代，原本三、四百年來日本山地森林並不茂密，不是適合黑熊生存的環境，但現在情況不同，各地山區就連淺山也都被森林滿滿覆蓋、幾乎要「吞沒」山區部落，日本黑熊很自然地也出沒於社區周邊。山區居民疲於應付，無力拒退黑熊，遑論把牠們趕回深山。

淺山是深山與平地的緩衝地帶，避免日本黑熊等野生動物和人類發生衝突的區塊。有的學者認為，淺山有點像日本山邊村落的「入會地」（譯按：傳統村落外圍村民取草料與木材的公有土地），有時民眾來使用，有時野生動物來使用[12]。但問題如前述，隨著淺山森林結構改變，以及淺山村落社會結構變化，淺山的機能不斷在式微。從日本人口動態預測來看，淺山功能下滑趨勢難以改變。因此，少數淺山地區努力恢復上述緩衝機能，但仍難澈底改善日本黑熊處境並給予妥善管理。

日本黑熊保育管理工作估計將邁入新階段，應由地方政府介入，劃設防衛安全線，除了闖入線內的日本黑熊須積極地予以排除之外，也須實施分布區域管理。二〇一六年環境省修訂「特定鳥獸保護暨管理計畫制定指引（熊類編，二〇一六年度）」，設立熊類保護管理之基本政府單位，推動土地分區利用制度，於民眾活動優先區域劃定「熊類防除區」與「熊類排除區」。這項管理方針適用於擴大中的黑熊分布區，雖恐遭受社會衝擊與保育界抗議，但唯有如此才能協助黑熊維持穩定的族群與數量。畢竟放任愈來愈多的人熊衝突案件不管，社會大眾可能會產生「黑熊是麻煩製造者」的印象。然而事實上，日本輿論界已經有這樣的氣氛。

但若要澈底管理已習慣淺山生活的黑熊，首先得掌握淺山黑熊的源頭，亦即深山黑熊的族群動態。如前述，日本黑熊族群分布呈「落花生形狀」分布，且淺山黑熊數量明顯大於深山黑熊，若鐵腕處理淺山黑熊，可能會斬斷黑熊生態導致全面消失。當然，如何拿捏取捨是一大難題，當年任職於石川縣白山自然保護中心研究員有本勳的做法是，同時在深山與淺山架設相機陷阱，監測兩地黑熊的活動狀況。他的經驗是，相機台數與監測期間雖不是很充分，但仍可確認兩地數據差距不大。並以此作為開端，希望學術界能開發更簡便有效的黑熊監測方法。

第三章

黑熊與人類之衝突

一般人對熊的印象差異很大。有的熊在迪士尼動畫中登場，有的像泰迪熊那樣成爲可愛布偶或吉祥物，但同時也有恐怖片中會吃人的熊。與此對比，貓熊永遠只是可愛動物，從來沒有人認爲貓熊具危險性，這點倒是相當有趣。

至於本書主角的日本黑熊，在人們心目中是怎樣的存在？基本上黑熊知名度低，很少人能正確描述其身體特徵與生態等，因此容易將黑熊與其他不同種類的熊混淆。即使對黑熊感興趣的人，恐怕多半也只知道黑熊肥胖的身軀裏著漆黑的毛皮，有兩顆大且黑的眼珠、表情難以判斷，並不是容易親近的動物。也因此，日本民間故事與童話常出現狼、狐狸、狸貓等，卻幾乎沒有黑熊的位置。換句話說，在日本人心目中，熊是一種永遠與人類保持距離、若有似無之動物。

如第一章所述，現代日本人對日本黑熊的概念大概是體重高達二百～三百公斤，想像牠們食肉，會捕捉鹿等大型動物。但事實上，除了最近有些黑熊襲擊小鹿之外，好像不曾有人發現牠們襲擊大型野生動物。然後有人認爲，黑熊與人類在野外遭遇會主動攻擊。當然，這也不是正確知識。只不過當人們不了解黑熊、無法區分這種熊與其他熊的差別，就會產生這種距離與事實相當遙遠的想像。

近年來，隨著黑熊出沒民眾社區附近案例愈來愈多，甚至常態化，人們對黑熊的看法似乎愈來愈負面。原因之一可能是，近年來因黑熊與人野外遭遇增加，曾有幾年全國超過百人被熊襲擊受傷。一有人受傷，加上媒體加油添醋、渲染黑熊某些行爲或特性，透過聳動報導吸引民眾注意，人們透過這類報導認識黑熊，便可能產生更多對黑熊的負面印象。二〇一六年，秋田縣鹿角市民眾連續遭受黑熊襲擊受傷，媒體甚至有「食人熊」、「暴熊」的形容。當然，可能眞的有一、兩頭黑熊暴怒攻擊人，但媒體一竿子打翻的誇張報導，確實大大加深了民眾對黑熊的恐懼。

日本黑熊是以植物爲主食的雜食性動物，但牠畢竟也屬食肉類，且有尖銳犬牙、全身肌肉強大，遇到正面衝突時人類當然不堪一擊。所以，同樣是民眾在野外可能會遭遇的動物，黑熊與鹿、山豬的處境完全不同。在人們心目中，黑熊會攻擊人且使人受傷，鹿與山豬則不會。

但即使如此，我們也不能把黑熊這種原本若有似無的野生動物推到更遠、更不願了解牠們。換言之，首先我們應了解人與熊爲何發生衝突，以及熊發怒攻擊人類的機制及行爲模式爲何，才能避免人與熊無謂遭遇以及攻擊受傷事件。

就個人了解，早期日本有些淺山（日文「里山」）民眾和黑熊頗有互動。也許這也是必要時民眾可施加「捕獲壓力」（捕獲以降低其族群數目）的方法，至少證明牠們熟知黑熊習性，明確掌握黑熊數量才予以抓捕。反之，近年來日本淺山民眾愈來愈少人靠「做山」過活，雖住山邊，上班卻在山下。特別是婚後才搬到淺山居住的年輕太太，收入當然不靠山林，因而只要發現後院曾出現過黑熊就抓狂，並要求政府加以驅逐。

本章主旨係協助民眾了解人類與黑熊之關係，整理人與熊遭遇、衝突之案例，說明碰到黑熊時人類的行爲模式。

1 農業損害

和山豬或鹿所造成的嚴重農業受損相比，黑熊所造成的農損相對小得許多。農林水產省二〇一六年三月公布的「鳥獸造成農損之現況與對策」指出，二〇一四年度全國鳥獸農損金額之中，鹿（約六十五億三千萬日圓）、山豬（約五十四億七千萬日圓）、猴子（十三億日圓），合計占全部農損約超過70%。至於熊類所造成的農損，統計上不區分棕熊與黑熊，合計其所造成農損數值三億九千萬日圓，約相當於浣熊所造成的農損金額。農損面積則約九百公頃。與此對比，鹿所造成的農損面積約五萬公頃、山豬約一萬公頃。

農損金額方面，熊類所造成的農損之中，果樹與飼料作物各約一億三千萬日圓，其次是蔬菜類（六千七百萬日圓），以及水稻一千八百萬日圓。一九九〇年度統計顯示，熊所造成的農損金額有時會突然增加，比如二〇〇〇年時達十億日圓，但多半不同年分之間無太大變動，約在三~四億日圓之間。

農損嚴重程度方面，如前章所述，某些地區橡樹科堅果若結實狀況不佳，可能會造成黑熊大量出沒民眾居住區域。換言之，若熊所在的森林植物結實不足，當年熊所造成的農損就會提高。島根縣於黑熊大量出沒年時，其農損增加主要是淺山所產柿子被熊大量採食所致。此外，大量出沒年「有害捕獲」（造成農損或人員傷害因而加以捕獲）之黑熊營養狀態優於往年。據說是因爲食用大量農作物[1]。

黑熊與鹿、山豬、猴子的主要差異點，在於熊習慣單獨生活，基本上不會成群出現在耕地，個體數目不可能像鹿或山豬那樣高密度。因此，熊危害農作物的程度與頻率，可控制在較低範圍。不過，就此而言如後述，黑熊無固定活動範圍（領域），因此也可能有複數黑熊同時出現在一個地點，進而造成嚴重災害。此外，福井縣野生動物危害農作物災情之中，黑熊所占比例很低，原因是黑熊活動範圍侷限於山邊。

但即使所造成的農損金額與面積小，畢竟還是危害了農業。有些未反映在統計數字上，民眾自家食用的農作物可能也有相當數量被黑熊破壞。另外，黑熊與其他大多數動物一樣，發現「好滋味」的農作物後容易黏著不走。這部分將另闢專章詳述。基本上只要察覺附近有人類，黑熊可能會改變行爲模式，但即使如此，只要發現當地吸引力強大的食物，黑熊仍可能反覆光臨。生產黑熊眼中美食的耕地大多靠近民宅，因此不只農損，還潛藏居民遭熊攻擊、人身傷害危險等問題。

果樹農損

黑熊造成果樹農損之案例，本州各縣都有不少報告。其中較大的農損案例爲岩手縣發生黑熊損害蘋果園。據岩手縣官方統計，二〇〇四年以來，黑熊造成當地蘋果農損每年達數百萬日圓（岩手縣第三次黑熊管理計畫）。

黑熊造成果樹農損災害除了蘋果之外，還有宮城縣的柿子、水蜜桃，山形縣的葡萄、水蜜桃，新潟縣的柿子、銀杏、木瓜海棠（山梨），福島縣的水蜜桃，群馬縣的柿子、葡萄、李子、梨子、藍莓、栗子，山梨縣的葡萄、水蜜桃、梨子、栗子，富山縣的柿子、葡萄、梨子，福井縣的柿子、栗子，兵庫縣的梨子、栗子、葡萄，鳥取縣的梨子、柿子等，都傳出災情報告。最常見報的是許多果園在即將收成時，出現黑熊將整個摧毀，大大惹火農民。

黑熊造成果樹農損的特徵除了摘食果實，過程中也常折斷樹枝，甚至將整棵樹推倒，農民細心呵護照顧的果樹遭大片破壞，短期間內難以恢復，接下來數年收成將劇減。黑熊爲何闖入果園，可能是農民收成後習慣將廢果大量丟棄在果園旁，其果香吸引黑熊前來。

飼料作物農損

飼料作物中的飼料玉米，也因黑熊而農損嚴重。東北地方的岩手縣、宮城縣、山形縣等，乃至於本州各地都常傳出災情。比如，岩手縣的黑熊農損案件有過半為飼料玉米，幾乎每年受損金額達一千～三千萬日圓（岩手縣第三次管理計畫）。

黑熊進入飼料玉米田覓食並非沿田地外圍摘取食物，而是先侵入整片田中央，然後以同心圓往外摘取果實。若此時上空鳥瞰會發現，玉米田正中央一株株玉米排列整齊倒下，遠看像中空物體。可能是躲在玉米田正中央，憑靠外圍高大玉米保護，讓黑熊進食更安穩，但也因此，若此時農民走進玉米田採收，且未發現田中央坐著大快朵頤玉米的熊，正面相撞就可能釀成黑熊攻擊人身案件。除了飼料玉米田之外，甜玉米田也曾傳出類似黑熊危害。

黑熊入侵飼料玉米田還有一項後遺症，據調查報告顯示，被黑熊入侵過的玉米田，其玉米做成飼料後，家禽、家畜會拒吃，原因是上面殘留著黑熊氣味。宮城縣研究人員板桓悟調查報告指出[2]，黑熊離開後的玉米若採收放進倉庫，被黑熊啃咬過的部分會長出霉菌，降低了整批玉米品質。此外，農民飼養的乳牛其乳質也會受影響。

蔬菜類與水稻農損

黑熊造成農損的作物遍布本州各縣，且種類繁多。比如，宮城縣的南瓜、西瓜、甜玉米、水稻、芋類，山形縣有西瓜、白菜、玉米、甘藍菜，群馬縣的番茄、南瓜、水稻、玉米、豆類、芋類，富山縣的蕃薯、大豆、西瓜、水稻、馬鈴薯，山梨縣的玉米、竹筍等。宮城縣曾發生過黑熊闖入溫室採食草莓之案例。因此可推測若剛好有機會遇到，黑熊可能對幾乎所有農作物皆感興趣。不只農作物，甚至含草酸鈣的南天星屬（姑婆芋等）野生植物根莖，乃至於含蟻酸或組胺之蕁麻，都是黑熊的採食範圍。如此看來，恐怕也就沒什麼作物是牠們吃不下或不敢吃的了。

水稻被黑熊糟蹋的案例於各地陸續發生，大多數災情出現在山腰梯田。島根縣中山間（山坡地）區域研究中心研究員澤田誠吾指出，島根縣水稻的熊害災情，其不同年分其變動很大，研究發現，森林食餌作物結實不佳的年分，黑熊會大量闖入水田。但黑熊進入水田不像山豬那樣連續每晚出沒、摧毀整片田地，黑熊多半只是躺在水田，有點好玩地摘取部分稻米果穗進食。黑熊進出水田沿路踩倒水稻，遠看類似英國神祕麥田圈圖案。這類狀況多發生在八月下旬到九月上旬，亦即水稻乳熟期後半到成熟期之間。此外，未經研究證實的農民說法，糯米田比粳米田更容易吸引黑熊採食（圖3-1）。

圖3-1

養蜂農損

黑熊雖不像小熊維尼那樣酷愛蜂蜜，但在自然環境中若有機會發現社會性昆蟲之蜂類，不論成蟲、蛹、幼蟲還是巢蜜，牠們都會積極攝食。裡面常有許多蜂蜜的蜂農巢箱，當然也大受黑熊歡迎。養蜂業基本上會在不太大的範圍內集中設置巢箱，因此在黑熊眼中，攻擊巢箱是簡便、有效率的攝食行動。

黑熊造成蜂農農損的案例普遍分布在本州各縣。調查報告顯示，除了蜂農所設置的巢箱直接遭破壞，也有兵庫縣蜂農害怕吸引黑熊，而不敢設置巢箱的間接性農損案例。

不過，有人專挑黑熊可能出沒的地點設置巢箱，同時以「有害捕獲」名義設下捕熊陷阱，企圖捕捉具高度商業價值的黑熊。當然，這不可能是養蜂業者所爲，而是不肖人士假借保護養蜂業而捕熊。另外，也有些抱持「爲民除害」的想法，進而捕捉黑熊的「信仰犯」。

上述黑熊造成養蜂業農損，基本上指西洋蜜蜂（譯按：日本採蜜養蜂業所飼養的蜜蜂品種，幾乎都是「西洋蜜蜂」），但除此之外也有個人消費、業餘養蜂（日本野蜂）的受害案例。不僅如此，有些民眾木造房屋之地板縫隙乃至於墳墓的縫隙，都被日本野蜂築巢，進而吸引黑熊光臨，其爲取食蜂蜜硬是拆掉木板牆壁、推倒墓碑。此時，民眾會立刻拆除有縫隙的地板來清除蜂巢，以免即使抓到「肇事者」，仍吸引其他黑熊光臨。

黑熊造成農損的特徵

專門研究黑熊的岩手大學齊藤正惠，從飼料玉米田發現的九十九個玉米殘骸中，取得許多黑熊唾液，希望以基因分析了解岩手縣雫石町飼料玉米田出現黑熊的數量與性別，結果發現三公里四方範圍內總計五處玉米田，約一個月短期間內先後出沒至少二十一頭黑熊。其中能判斷性別的有十七頭，只有一頭爲雌性，其餘皆雄性，雌雄比差距很大[3]。此案例顯示，即使不像鹿或山豬那樣群居、集體行動，無領域觀的黑熊反而可能因爲這項生態特性，在相同地點出現大量個體。這項調查結果也顯示，侵入農田的黑熊絕大多數爲雄性，可能是因爲公熊更喜歡探險，才入侵農耕地這種牠們不熟悉的環境。

另外，栃木縣廳農業局人員丸山哲調查、追蹤數度侵入栃木縣高原山牧場攝食飼料的五頭黑熊，發現這些黑熊行動範圍都很小，可能是因牧場飼料容易取得，故不必走遠[4]。

另外，前章介紹的栃木縣日光市足尾山區，在0.25平方公里之狹窄範圍內，曾觀察到同時出現七頭黑熊前來採食甜棗（秋茱萸）[5]。

由上述案例可知，只要有魅力食物，黑熊可能同時大量聚集在相同地點。所謂「魅力食物」，主要是指攝食容易、高營養且高熱能的農作物。由此看來，黑熊的絕對棲息密度雖遠低於鹿與山豬，但若條件具足，仍可能造成嚴重農業災害。

2 林業損害

由上述黑熊造成人身事故與農損等案例，可知問題已累積很久。災情最嚴重的狀況是針葉樹林被大量剝皮。遭到「熊剝皮」的樹木受損案例，全球都有發現，日本黑熊、棕熊、美洲黑熊等都不例外，但相關研究仍少。美國明尼蘇達州野生動物管理局研究員大衛．賈瑟里斯（David L. Garshelis）曾在中國研究黑熊，並進行「熊剝皮」調查。另外，俄羅斯沿海省俄羅斯科學院遠東地理學研究所教授伊邦．謝留德金，也確認當地天然針葉樹被黑熊剝皮，但面積與數目有限（上述二學者係私人信件告知筆者此事）。目前的了解是，世界各國之中，日本林業「熊剝皮」狀況最爲嚴重（圖3-2）。

與日本黑熊血緣相近的美洲黑熊，長期造成美國華盛頓州林業災害。牠們喜歡針對春夏之交成長期的針葉樹剝皮，並舔食樹液與形成層。華盛頓州一八八〇年代前半開始調查，但進入一九〇〇年代才大量出現「熊剝皮」報告。特別是一九四〇年代後災情惡化。受害樹木以海灣松（*Pseudotsuga menziesii*）最多，其餘還有加州鐵杉（*Tsuga heterophylla*）、西部紅柏（*Thuja plicata*）、冷杉（*Abies amabilis*）、錫特卡雲杉（*Picea sitchensis*）等，一九七〇年調查統計受損針葉樹達十九種。華盛頓

圖3-2　檜木被「熊剝皮」的案例（栃木日光市）

州爲了抑止針葉樹遭熊剝皮的災害，持續做各種研究至今。比如，華盛頓森林保護協會的喬治・吉格特拉姆發現，食物缺乏的初夏最容易發生森林熊剝皮，因此他們在莓類大量結果之前，以給餌器提供黑熊高營養蜂蜜糖丸，希望能抑制林業熊害[7]。吉格特拉姆的做法是，只要發現樹木被熊剝皮就持續提供餌料，或調整給餌量。但即使配合攝影監測，這類給餌措施是否眞能抑制熊剝皮，效果仍有待進一步科學驗證。

日本針葉樹遭熊剝樹皮同時出現在人工林與天然林，而且人工林問題更爲嚴重，造成日本私人森林經營大受打擊，有些民有林業者甚至因此生計困難。

日本森林遭熊剝皮樹種主要是杉木與檜木，有些地方落羽松也很嚴重。日本造林多半在狹窄範圍內高密度栽種針葉樹，因此熊剝樹皮問題一發生就很嚴重。大部分情況是，黑熊會針對相同樹種人造林中，挑選成長狀況特佳的下手[8、9、10]。受害樹木超過50%被剝皮，假導管無法導水，樹木就會因此枯死。另外，有些樹木即使只是稍微被剝皮，其剝皮部分因感染腐朽菌而立刻降低木材價值，令林業者頭疼。

除此之外也有些不具經濟價值的闊葉樹遭熊剝皮的案例，照片中日光市高大粗齒蒙古櫟被整個剝皮（圖3-3）。

「熊剝樹皮」的原因

熊剝樹皮的原因與機制，一般有兩種學說。

一種認為特別是針葉樹精油含芳香性化合物單萜烯（monoterpene）吸引了黑熊。研究顯示，山區木棧道木材上防腐用雜酚油（kreosot）及塗油漆的路標會被黑熊啃咬，乃是因為黑熊喜歡聞刺激性的氣味。有些研究者誇張地說，黑熊喜歡「吸膠」（吸毒）。

圖3-3　粗齒蒙古櫟被黑熊大面積剝皮的案例（栃木縣日光市）

一九七〇年代到八〇年代，京都大學團隊做了單萜烯之中α松油二環烯（α-pinene）研究。比對被熊破壞及未被破壞之不同地區相同樹種的針葉樹，發現被破壞的針葉樹含較多的α松油二環烯[11]。

我也曾追蹤觀察東京都奧多摩山區的黑熊發現，有些黑熊對營建業者廢材丟棄場的油漆罐感興趣，而且牠們還吸食了油漆。不清楚吸食了多少，但吃進含有機溶劑的油漆是否會危害健康，令人擔心。所幸後來追蹤該熊，發現依舊健康。

另外，奧多摩黑熊研究團隊小川羊先生，觀察黑熊對檜木精油的行爲反應，他利用自動攝影機做了數年研究，發現黑熊非常迷戀檜木精油，吸到走路像醉漢那樣搖搖晃晃或倒地不起，令人印象深刻。這項研究成果令人期待。

目前已了解愈來愈多黑熊破壞樹皮與取得食物資源之關聯性，其中顯然有必要進一步探討的是，芳香性化合物在黑熊眼中的地位。

黑熊爲何剝樹皮的另一種學說則認爲，黑熊剝樹皮係爲了取得食物。原因是內樹皮與外樹皮含「甘皮」成分，且形成層周邊流動性液體具營養成分，因此成爲黑熊的食物。黑熊剝樹皮好發在針葉樹成長的春至初夏季節，那也正是森林中黑熊食源較少的時間帶，因此合理推測，樹皮是黑熊的補充性食材。

在岐阜縣根尾村，調查研究黑熊剝樹皮行爲的岐阜縣大學吉田洋團隊，發現較少被黑熊剝皮的樹林有項特徵，那就是其森林地面有較多漿果等黑熊食物【12】。比較黑熊剝樹皮較多與較少之年分，可看出當剝樹皮行動較多的年分，其黑熊營養狀態較差，主因是森林黑熊食源果實歉收。此外，黑熊剝樹皮狀況明顯時，當年黑熊糞便所含針葉樹內容物比例提高【13】。上述研究顯示，食源較少的環境及食物不足的年分，更容易出現黑熊剝樹皮的現象。因此推論，樹皮是黑熊的食源之一，亦即黑熊係爲取得食物而剝樹皮。

二〇一一年五月，群馬縣林業試驗場研究員片平篤行，成功地針對出現在群馬縣桐生市人工林的親子黑熊（兩頭）剝樹皮行動，做了完整錄影，發現總計杉木三百六十五棵、檜木六十五棵被剝樹皮，全部剝完耗時十四小時[14]。因採動畫攝影，那兩頭親子熊個體大小不明，以母熊體重五十公斤、子熊體重二十五公斤計算，則兩頭熊一日所需熱能（FMR：Field Metabolic Rate）以那吉（Nagy）計算公式[15]（$\mathrm{kcal/day} = 0.8\mathrm{wt(g)}^{0.813}$）計算，估計母熊一日所需熱能FMR爲五千二百八十九大卡，幼熊三千〇一十大卡，合計約八千二百九十九大卡。牠們總計剝了四百三十棵樹的樹皮，因此平均從每棵樹攝取十九大卡的熱能。西眞澄美與野崎英吉等團隊，量測石川縣白山地區杉木形成層附近糖的濃度（果糖、葡萄糖、蔗糖），發現五～七月時糖含量爲二十三～三十八毫克／毫升[16]。換算成一般糖質卡路里量，約九十二～一百五十二卡路里／毫升，概略換算成公克，則是0.092～0.152大卡／公克。雖只是粗略計算，顯示即便是樹皮含糖量較低的季節，只要一棵樹攝食二百公克，仍能取得一日所需熱能。該團隊在石川縣白山地區進行另一項研究發現，從杉木形成層所採集的樣本濕重量，每四百平方公分面積平均十九公克，因此，若要勉強取得一日所需熱能二百公克，估計得剝皮樹木面積超過十倍。不過對於黑熊而言並不困難。特別是在樹木密集的造林地採食，移動所需熱能非常小，一日所需熱量可降到最低。

總之粗略推估，單單剝樹皮取得之熱能足以供應黑熊一日所需，亦即，樹皮本身確實可能是黑熊食源。

樹木在不同時期的糖度變化，西眞澄美團隊研究發現，五月分糖度最高、七月分降低。該團隊並未量測夏季之外的樹木糖度，因此無法了解一整年濃度變動的狀況。另一方面，東京農工大學學者松本彌生與古林賢恒，針對群馬縣杉木與檜木甘皮糖度及形成層周邊流動性液體量做了一整年的量測，出乎意料發現，在黑熊發生剝樹皮最明顯的季節裡，樹皮含糖濃度反而最低（量測值倒是與西眞澄美團隊研究成果大致相同），流動性液體量則增加。因此可以推論，黑熊剝樹皮目的不是取得更高營養價值食物，而是著眼於該食物資源量與液體量多寡，只要資源量與液體量充足，牠們就會把樹皮當作食物資源【17】。

若熊剝樹皮是爲了取得食物，則森林食物匱乏之時期供給替代食物，或許就能解決問題。如前述，美國華盛頓州曾進行大規模黑熊給餌行動，日本群馬縣桐生市也有民間團體與政府單位做過類似實驗，但這類做法效果如何，仍有待驗證。

熊剝樹皮常發生的地區與年代

日本何時開始出現熊剝樹皮的狀況，在本州各地頗有差距。野生動物保育管理事務所研究員羽澄俊裕，發現日本古代文件最早提到黑熊剝樹皮的紀錄是江戶時代（一七二四年），當時木曾地方出現這類狀況。前不久林野廳也針對日本幾個主要黑熊族群所在地，進行不同年代熊剝樹皮災害統計【18】，顯示一九五〇年代初，日本中部地方、紀伊半島、四國地方、北陸與北近畿地方都已出現熊剝樹皮紀錄。相對的，當時日本東北地方與關東地方這類紀錄卻很少。東北地方與關東地方，其出現熊剝皮案件直到一九八〇年代才逐漸增加，且每年平均被剝樹木量只有紀伊半島或中部地方一九五〇～七〇年代的十分之一左右。有趣的是，一九七〇年代之後四國地方無熊剝皮災害紀錄，紀伊半島也幾乎沒有。相對的，北陸與北近畿地方半個多世紀以來多少都有出現這類事件，且持續不斷。另外，中國地方於二〇〇〇年代之後，幾乎未傳出熊剝樹皮的案例。

四國與紀伊半島不再出現熊剝樹皮災害，可能是當地政府的預防工作產生效果。比如，大量設置黑熊有害捕獲措施，這當然也可能導致黑熊族群數目降低甚至消失。所幸紀伊半島近年來又出現黑熊，然四國黑熊族群恢復狀況則不佳。這項問題可能得另闢專章探討。

學術界幾乎無關東地方以北之黑熊剝樹皮的早期歷史研究，不過，群馬縣林業試驗場研究員片平篤行，以空照判釋進行枯死木研究，推估群馬縣全境於一九九五年之後熊剝樹皮的發生年代變化[19]。熊剝樹皮災情最嚴重地區爲綠市與桐生市，集中進行該二地區航空照片判釋發現，一九九五年熊剝樹皮只有三百三十處，二〇〇〇年增加到四千三百二十處，二〇〇五年以指數函數速度增加到四萬四千二百七十處。二〇一〇年降低到一萬九千六百四十處，似乎相關災害高峰期出現在二〇一〇年之前。

整體而言，關東地區出現明顯熊剝樹皮的時間點遲於西日本。如何解釋日本東部與西部熊剝樹皮發生時期的前後落差？可惜目前學術界無人能回答這個問題。

一種假說認爲，日本黑熊文化由西往東發展、擴散。黑熊育子時間長，幼熊出生後約一年半跟在母熊身旁，期間直接跟隨母熊學習各種技能或習慣。若幼熊跟隨母熊學會剝樹皮，長大後到陌生地方可能會繼續剝樹皮。前述群馬縣桐生市發現母子熊一起剝樹皮，確實可想像幼熊可能養成剝樹皮的習慣。但這項假說有個弱點，公熊成年後活動範圍比母親大，但公熊習慣獨行，其行爲習慣無法直接遺傳後代。母熊則即使性成熟後，活動範圍也很有限，最近的基因研究也已證明，因此得知母熊比較不會擴散剝樹皮這種行爲習慣。當然，也可能有少數母熊跑很遠。

另一種假說認爲，某種情況下黑熊開始喜歡剝樹皮，比如鹿爲了磨角而戳破針葉樹皮，破皮部位產生芳香氣味或含有糖汁液，吸引黑熊前來，於是熊開始剝樹皮。若這項假說成立，近年來日本東北地方，特別是積雪地帶鹿群擴大，或許不久後會出現更多熊剝樹皮的案例。而若鹿群分布擴大與熊剝樹皮有關，今後熊管理工作可能就得納入鹿群管理了。

如何應用技術來確認黑熊個體有剝樹皮的行為，京都大學北村芙美教授與森林總和研究所大西尚樹等人發現，可從受害樹木殘存之黑熊毛髮進行追蹤[20]。此外，蒐集京都府北部二十八處遭黑熊剝樹皮的災害地點，從黑熊毛髮基因檢測發現，當地黑熊族群並非都有剝樹皮行為，而只有部分黑熊家系會剝樹皮[21]。

由此看來，若要防除黑熊剝樹皮災害，有必要先針對有剝樹皮習慣之黑熊進行個體管理。加害黑熊該如何管理，仍有許多待解決之課題。比如，前述京都大學北村團隊確認有十六頭會剝樹皮的黑熊，但要捕捉該十六頭黑熊，可能有技術上的問題。另外，當地黑熊保育團體針對如何維護黑熊生態，可能也有不同的意見。

熊剝樹皮災害發生地點的特徵

遭黑熊剝樹皮的樹林其成分有些特徵，岐阜大學吉田洋調查岐阜縣根尾村黑熊剝樹皮的地點，發現剝皮率與低木層植被率呈正相關，低木層植被率愈高，愈能提供黑熊隱藏機能，黑熊因此覺得安全而剝皮【22】。

我也曾調查東京都奧多摩山區遭熊剝樹皮的森林，發現其森林地面有大量鹿不喜好的食物，如馬醉木的林地，以及未適當間伐或下枝修剪、即使白天也很陰暗的林地，此些地點發生熊剝樹皮案例較多【23】。推測原因應該是較有遮蔽的空間，熊較能安心地剝樹皮。

美國方面也有人做森林下枝對黑熊剝樹皮災害之影響【24】。該研究顯示，無下枝修剪之森林出現熊剝樹皮災害的發生率，比有下枝修剪森林多四倍。原因可能是完成下枝修剪的樹木，其形成層部碳水化合物量減少，但萜烯（terpene）量不變。這類從食物營養量角度，而非從下枝視線是否因此開闊的角度來研究熊剝樹皮，相當有趣。

另一方面，在靜岡縣井川築波大學實驗林，調查熊剝皮災害林地的築波大學山田亞希美與藤岡正博團隊發現，幾乎所有熊剝皮樹木的林地都有下層植生。至少井川地區的情況是，即使改善林內視線，也無助於減少熊剝樹皮災害【10】。

熊剝樹皮災害對策，除了針對有剝皮習慣的黑熊進行個體管理，也有必要檢討怎樣的林分比較不會發生熊剝樹皮災害，以及森林管理作業如何達成這項目標。

林業損害之現況

最後稍微探討黑熊造成林業災害的現況。林野廳發表野生鳥獸林業災害面積統計，二〇一四年度黑熊造成林業災害爲五百〇三公頃。其中較明顯的是栃木縣（七十七公頃）、山梨縣（六十六公頃）、奈良縣（一百一十五公頃），該統計係由都道府縣報告累計而成，無法顯示所有熊剝樹皮災害。近年來民有林木材市場低迷，很多所有者放棄育林作業，即使發生熊剝樹皮災害也不在乎。可想像這類樹林應該也有很大面積被熊剝樹皮。另外，我進行黑熊研究的奧多摩山區也有大量熊剝樹皮災害，但未列入上述林野廳統計。

那麼，黑熊對整體林業危害是否嚴重？如果和同樣造成林業災害的鹿相比，根據二〇一四年度統計，全日本的鹿造成林業災害面積達七千〇七十七公頃（扣除北海道蝦夷熊災害，則爲三千四百六十八公頃）。就比例而言，動物造成林業災害鹿占81%，黑熊只占6%。不過這只是概略估算，若只討論本州以南範圍，由黑熊（假如有上萬頭）與鹿（環境省自然環境局二〇一五年四月推估有二百四十九萬頭）棲地推估個體數，每頭野生動物造成森林災害面積，黑熊爲170平方公尺／頭，鹿140平方公尺／頭。鹿與熊危害森林的型態不同，很難只從面積看出災害輕重，但至少發現，黑熊是單獨破壞森林，不像鹿成群結隊。

另外，林野廳統計近五年黑熊危害林業的面積，二〇一〇年度（一千一百六十七公頃）與二〇一一年（一千〇八十三公頃）數字較高，二〇一二年度後降到五百～六百公頃左右。如前章所述，日本許多地區黑熊分布區域與族群數目可能都在增加，熊剝樹皮災害反而減少，似乎很難解釋。比如，日本中部地區熊剝樹皮最嚴重是一九六〇～一九七〇年代，推估當時黑熊數目比現在少。但即使如此，當時長野縣與岐阜縣遭熊剝樹皮損害森林每年有五百公頃，這兩個縣近年來熊剝樹皮災害面積卻減少，實則不可思議。爲何發生這種現象，推估可能與森林擁有者放棄報案有關。當然也可能是防除對策發揮功效、降低了林業災害。總之，這項問題目前仍無解答，有待繼續研究。

3　畜牧水產業損害

這方面黑熊災害相當少，但也曾出現黑熊侵入牧場或內水面養魚場破壞的案例。這方面很難進行災害統計，很多民宅庭院飼養家禽、家畜遭黑熊攻擊，小規模案例太多、很難一一統計。加上與林業、農業災害不同，日本無任何政府部門負責記錄民宅家禽、家畜受黑熊攻擊的案例。

接下來討論家禽、家畜受黑熊攻擊的案例。目前留有紀錄的是牧場的羊、養豬場的豬、養雞場的雞，以及民宅飼養的食用兔子等，都有遭黑熊攻擊的案例。

我個人遇過黑熊捕食綿羊的食害案例。話說九〇年代東京都奧多摩町石尾根南側斜面小山脊，成爲當地居民振興產業的林間放牧地，放牧綿羊（薩福克黑頭羊）四十八隻。該計畫希望用這些羊肉供給町營烤肉餐廳，羊毛由當地婦女會做成編織皮出售。但一九九七年七~八月二十五日，發生七隻綿羊被捕食事件。該林間放牧場中間有條林道，牧場分割成上下兩半（上半2.0公頃，下半1.7公頃），各以電網圍起來，可惜黑熊入侵時電網未通電。原本電網能有效防範熊入侵，但因林間大範圍架設，得進行維護防止雜草造成漏電，相當費事。又因牧場在山區，無法拉電線，只能使用太陽能板，基材維修保養也不太順利，只有當地一位高齡民眾負責此事，忙不過來。居民發現七月之後綿羊數目逐漸減少，後來當場發現一頭正在捕食綿羊的母熊（十一歲，捕獲時體重五十二公斤），當下遭獵槍擊斃。不久又在當地陷阱抓到公熊（十三歲，體重六十三公斤），同樣也遭獵殺。我們立刻前往察看，發現兩頭黑熊都是我們繫放的，身上都有標誌。但現場蒐集跡證發現，那段期間應該有超過兩頭黑熊闖入牧場，因此居民架設陷阱，將殘存的綿羊移到牧場附近聚落的畜欄避難。

這次黑熊危害案例有許多點可學習。首先如前述，黑熊無領域觀念，一旦發現有吸引力的食物，會好幾頭靠過去。當然，無法確認是否好幾頭黑熊在相同時間、相同地點出現。也許牠們會像汽車雨刷那樣錯開前往。總之，在第一隻綿羊被捕食後，現場殘留的綿羊骨骸或內臟等殘渣，因夏季高溫腐敗很快，故引誘其他黑熊前來。雖然黑熊是偏植物雜食性，但綿羊也是牠們的食物，而且即使是家畜，牠們仍無差別地追擊那二公頃電網牧場的綿羊群。面對黑熊的綿羊無路可逃、成爲黑熊食物，我們只能感嘆黑熊畢竟也是食肉類動物。另外，從被捕母熊的乳頭可看出，捕羊時其身邊可能有幼熊。若然，那隻幼熊可能已學會捕食綿羊。

問題熊被捕殺後，我們與當地區公所協商、達成協議，接下來若要抓捕出沒於該地點的黑熊，須以學術捕捉專用陷阱，避免黑熊受傷，然後由我們進行野化訓練（rehabilitation）。只可惜（或者說幸運），之後當地未再抓到黑熊。

另外，該林間放牧場發生黑熊捕食綿羊事件之前，還有一件類似故事。在那更早的九年前，於一九八八年九月同樣是奧多摩町，位於此事件放牧場附近的森林有人養了五隻羊，其中兩頭被黑熊所殺，當時居民抓到一頭公熊。兩次黑熊危害事件相隔九年，很難說有直接關聯，但至少確認若有機會，牠們不會放棄捕殺綿羊這種大體型動物。

黑熊對家畜的食害也有襲擊養豬場豬隻的案例。栃木縣立博物館員谷地深秀指出，一九九九年七月二十八～三十日連續三日，栃木縣藤原町養豬場合計六隻豬被推定被同一頭公熊殺害（重約九十公斤，頭骨標本有保存，但未進行年齡查定）。一開始是二十八日黎明時公種豬被襲擊，接著是當天傍晚母豬、二十九日黎明時子豬兩頭，然後是三十日傍晚有性別與幼成不明豬隻兩頭相繼遇害。到了三十日傍晚，再度入侵養豬場的公熊被埋伏的獵友會員當作害獸槍殺。該養豬場位於山麓，附近還有遊樂園與住宅區[25]。此案例與奧多摩黑熊抓捕綿羊狀況類似，豬舍豬隻被黑熊捕殺，且連續三日出沒。估計若非予以有害捕獲，可想像該熊應該會不斷出現。但有趣的是，該黑熊不曾白天出現，目擊獵人指出，黑熊沿養豬場隔壁水路入侵。爲何養豬場會吸引黑熊前來，原因不明，也許是養豬場糞尿或飼料氣味吸引黑熊，因此對豬隻展開捕食行動。黑熊並未白天入侵豬舍，都於黎明或天黑後才從水路潛入，似乎是有意躲避人類。

此外，也有民眾養在院子的雞等家禽，或食用兔子等被熊攻擊的案件。東京都奧多摩町豐吉洛（地名）民宅，於一九八八年八月，有七隻雞與兩隻兔子被黑熊捕殺。之後該捕食家禽、家畜的公熊（七十七公斤）在雞舍睡著，當場被居民有害捕獲槍殺。

類似這樣黑熊捕捉家禽家畜，事實上也是認識黑熊行爲模式的機會。黑熊牙齒有明顯臼齒構造，適合吃植物，但其消化機能卻屬食肉類動物，有肉進食當然不會排斥。對黑熊而言，動物性蛋白質應是非常有吸引力的食物。

話說回來，本州各地出沒養魚場的黑熊案例，比養雞或養豬場還多。其結果和農作物或林業熊害相同，很多黑熊因此被捕殺。不過，熊出沒養魚場的目標不只是魚塭或飼養槽中的魚。若是很淺的飼養槽，魚還算容易捕食，但若是魚塭，熊不是那麼容易抓到魚。因此，黑熊進入魚塭的主要目標，可能是魚飼料或丟一旁的死魚。而一旦在養魚場取得食物，和在其他地點出沒的模式一樣，會有複數黑熊前來，有的還重複出現。因此，和其他黑熊危害案例一樣，除非完全隱藏會吸引黑熊的物質，否則無法完全阻止黑熊出沒。

在第二章稍微述及，信州亞洲黑熊研究會的中下留美子與林秀剛團隊，研究如何確認出沒於養魚場、農田或社區造成危害之黑熊個體，其藉由黑熊毛髮所含碳及氮穩定同位素，重現該個體過去之「經歷」[26]。經穩定同位素比對，可確認黑熊是否攝取了魚類或飼料玉米等人類養殖或栽培食物，是相當科學的黑熊管理方法。換個角度看，這項做法能避免無辜黑熊背黑鍋遭受捕殺。黑熊毛髮會逐月緩慢成長，因此，剪下毛髮再整齊剪成一小段一小段，就能推估黑熊某段時期攝取的食物種類。這項方法應用的例子包含二〇〇九年九月，日本北阿爾卑斯乘鞍岳黑熊人身攻擊事故。當時一頭公熊出現在人聲雜沓的公車站，一路造成十人受傷，最後在土產店內被槍殺。一開始有關單位推測，黑熊可能被觀光區飯店殘羹剩菜的氣味吸引而來，因而與人正面衝突造成傷害。一開始我也支持這項推測，但毛髮穩定同位素分析、確認該公熊過去兩年的經歷，發現牠與一般只攝取高山帶自然食物的黑熊無異，並未依賴飯店區殘羹剩菜維生，眞相大白[27]。但實務上要推廣這項技術、管理人類活動空間周邊之危險黑熊仍有障礙。比如，即便證明造成人身傷害或有危險性的黑熊並無攝取魚或殘羹剩菜之經歷，許多民眾仍認爲只要黑熊靠近人類生活空間，即屬有罪。對於他們而言，只要黑熊具潛在危險性，就得防範未然地予以排除。儘管如此，黑熊管理今後仍應進行各種科學研究，找尋最佳解決辦法。

4 民衆的心理傷害

接下來稍探討黑熊出現對民眾可能造成的心理傷害。到目前爲止，我們探討了各種黑熊與人遭遇並產生衝突，特別是造成各種產業災害。但黑熊問題最麻煩之處，在於其可能造成人員受傷等人身事故。和鹿以及羚羊等相比，黑熊可說是威脅民眾生命安全最大的野生動物。

前述，每次黑熊大量出沒，媒體就會反覆報導、推波助瀾，出現許多黑熊傷人的畫面。許多人開始產生「黑熊會危害人類安全」的印象。

在此情況下，只要某地區棲息黑熊或可能出現黑熊，都容易讓民眾坐立難安。這類過度反應進一步形成黑熊棲地人類無法安居之氣氛，平地民眾也會害怕而不敢或不願前往黑熊出沒地點觀光等。當然，這些都是黑熊「目擊資訊」或「發現痕跡資訊」等造成民眾的過度反應，有的人集結起來向地方政府或警察請願，要求處理「黑熊問題」。當然，居民通報或請願，地方政府相關部門必須處理，有的做法不夠周延，可能下達「有害捕獲」命令。

平地民眾害怕黑熊而不願前往黑熊棲地觀光等，當地民眾反應如何？若當地剛好是熱門觀光景點，觀光客因害怕黑熊而卻步，以觀光業謀生的山區民眾可能會希望驅逐黑熊，或者隱藏黑熊資訊，不讓一般民眾了解當地可能會出現黑熊。

過去我曾聽說過，有些日本山區觀光地點或熱門登山路線，居民爲維護觀光產業而隱匿黑熊出沒的消息，或暗中設陷阱捕殺黑熊。人們這樣做或許是因爲害怕黑熊壞了觀光招牌，但其實黑熊出沒當地，可能是因爲當地觀光區殘羹剩飯未妥善處理，而引來黑熊。當然，近年來日本民眾對黑熊逐漸友善，山區觀光勝地會用公布欄或發傳單，提供當地民眾及觀光客黑熊出沒等資訊，甚至推廣認識黑熊生態、教導民眾遭遇黑熊時該如何應對。

但即使如此，過去受媒體渲染而產生恐懼黑熊心理的民眾，即使上山仍難拂去內心不安，這幾年因此出現一種狀況，在黑熊可能出沒的山區道路，登山客主流高齡登山團體都配戴「避熊鈴」，弄得山區步道鈴聲吵鬧。

5 黑熊殺人案件實況

以下嘗試綜合分析黑熊「人身事故」（人員傷亡事故）的現況。說「嘗試」，乃是因爲許多黑熊造成人身事故的詳細狀況並未公開，故難以掌握全貌。或許也是因爲顧慮受害者或遺族心情，媒體只能零星片段報導，但如此事故現場就難以重建。不止本書探討的黑熊有此問題，北海道棕熊據說也有類似狀況。特別是棕熊傷人造成的案例相當多。爲了避免讀者誤解須略作說明，棕熊爲何造成較多死亡事故，主因是棕熊軀體巨大，只要發動攻擊，對人類造成傷害更嚴重，倒也不是因爲棕熊比黑熊更具攻擊性。

但話說回來，近年來日本發生黑熊攻擊造成人身事故的案例相當多。我與世界各國熊類研究專家交流，詢問該國熊類造成人身事故案例多寡，都說沒日本的多。記得我曾分享日本這類案例的數目，各國學者大驚，紛紛來信詢問原因。

但可惜近年來黑熊造成人身事故的案件，內閣環境省網站並未公開資料。也許各縣市有分別做零星統計，中央政府卻無綜合整理、記錄。此外，民眾被黑熊攻擊受傷，警方的筆錄一般人無法閱覽。日本熊類造成人身事故案例的詳細紀錄，是一百多年前（一九一五年）北海道三毛別地區棕熊人身事故紀錄【28】。反之，黑熊人身事故紀錄付之闕如。與此對比，美國與加拿大熊類造成人身事故案例則一一彙整並公開，學者史蒂芬・賀雷羅博士出版的書籍紀錄詳實，已有日譯版。

受此刺激，日本熊類保育聯盟在地球環境基金贊助下，於二〇〇八～二〇一〇年展開全國黑熊與棕熊造成人身事故的調查、整理並公布【30】。以下介紹幾個熊類保育聯盟成果報告書中的重要內容。

黑熊襲擊人類的原因

不只黑熊，熊類襲擊人類主要原因有二。首先，熊爲了保護自己或身邊同類（比如幼熊）而進行防衛性攻擊。其次是熊把人類當作獵物，進行捕食性攻擊。特殊案例是一開始熊進行防衛性攻擊，導致人類死亡，於是熊改變態度，把死亡的人類當作食物。

附帶一提，有些北美或北海道棕熊造成人身事故的案例顯示，熊除了發動防禦性攻擊或捕食性攻擊，也有情況是對人類感興趣而接近，但因人類驚慌或攻擊熊的行動而引發熊攻擊。日本黑熊到目前爲止並無後者行爲模式之案例。可能是因爲黑熊個頭小，體格多半小於人類，不太會好奇想靠近人類。反之，棕熊巨大，完全不害怕人類，會好奇靠近因而產生衝突。

捕食性的攻擊後面將詳述，本項主要探討防衛性攻擊。一般而言，野生動物與人類遭遇都有所謂的「安全臨界距離」。比如，人類接近野生動物，一旦到達某距離，該動物就會逃跑或對人類發動攻擊。換言之，「臨界距離」是動物展開攻擊、排除靠近中的人類之距離。

黑熊與人類的「臨界距離」有多遠？首先，黑熊會怕人、避開人類，一察覺人類靠近，通常會悄悄離開現場。因此，民眾多半不會察覺附近出現黑熊。反之，棕熊不怕人類，曾有研究者以望遠鏡觀察下雪山區的棕熊行動，發現棕熊逐漸往登山者靠近。該案例顯示，棕熊走到靠近登山者前方不遠處灌木林，躲在那裡看著登山客從身旁經過。所幸熊並未攻擊，登山客也平安通過，卻未察覺附近躲著一頭棕熊。該案例登山客萬一走進灌木林與棕熊遭遇，就可能會造成嚴重衝突事故，幸好棕熊並未主動攻擊。

早期我曾使用無線電追蹤法，試圖靠近之前裝設無線電發報器的黑熊，但每次黑熊都很早發現我，並保持距離，因而我無法更加靠近，牠們甚至會躲起來讓我無法發現。就黑熊而言，和人類不必要的遭遇能免則免，牠們也不希望和人正面遭遇。所以，我一向鼓勵入山民眾隨身攜帶鈴鐺或笛子，利用其發出的聲響讓熊知道有人靠近，避免和熊正面碰上而造成事故。

當然，黑熊性格和人一樣有各種差異，有的熊脾氣溫和，有的暴躁，甚至同一隻黑熊也有心情與脾氣不同的時候。和人一樣，有時熊身體狀況不佳或母熊帶著幼熊、公熊追求發情母熊時，脾氣皆比較暴躁。所以雖非絕對，但基本上黑熊會希望和人類保持臨界距離。至於從人類的角度來看，設定較大的臨界距離當然比較保險。

那麼，與人遭遇時黑熊的行爲模式如何？我曾在自己開設的奧多摩黑熊研究網站披露民眾遭遇黑熊案例。當時我蒐集黑熊資訊的主要項目之一，是民眾會在怎樣的距離遭遇黑熊，以及遭遇後黑熊的行爲模式如何。結果發現一些有趣的數字。這方面不妨看日本黑熊聯盟報告書[31]。該聯盟統計一九九九年到二〇一一年一月，總計發生人熊遭遇案例五十八件。遇到熊的男女比爲男性五十二人（89.7%），女性六人（10.3%）。報告指出人熊遭遇時，民眾的活動型態以登山居多（四十二人，72.4%）、其次是釣魚（五人，8.6%）、騎自行車（四人，6.9%）等。與熊遭遇時民眾平均1.3人，其中四十五件（77.6%）爲單獨行動。民眾前往奧多摩多半是登山與釣魚，但也有少數騎登山車進入，或者進行跑山（山徑越野賽）活動等。騎腳踏車或跑山這類快速運動型態，會迅速拉近人與熊的距離，很可能來不及讓黑熊提早「躲避」。這項報告值得注意的是，民眾發現熊的平均距離17.6公尺（最短一公尺，最長六十公尺）。不過，在五十八次人熊遭遇案例中，有五十五件（94.8%）黑熊發動攻擊〔含「威嚇攻擊」（Bluff Charge）〕。該統計也有個項目是，五十五件人熊遭遇之中，有二十九件（52.7%）的熊發現人類後立刻驚慌逃走，（平均遭遇距離十六公尺）。這些案例顯示，即使近距離和人遭遇，熊也不太會攻擊。了解熊這類習性，有助於讓民眾掌握與熊遭遇之臨界距離。

黑熊攻擊民眾的案件中，過去只有三件屬正面攻擊，其中一件造成民眾受傷。另兩件直接攻擊但未造成民眾受傷，一件是彼此相距十公尺時正面遭遇，黑熊突然攻擊過來，還好民眾順利閃過；另一件是民眾與母子熊（計三頭）相距三公尺時正面遭遇，兩幼熊爬到樹上，母熊則往民眾迫近，但被民眾大吼後而逃。至於發生人身事故的案例，則是民眾距離兩公尺時與一隻黑熊正面遭遇。除此之外還有兩件民眾與母子熊遭遇的案例，一件彼此相距只有三公尺，但黑熊先開溜；另一件雙方距離十公尺，民眾剛好騎著電動腳踏車，可能是怕機器聲，母熊轉向走開。

附帶一提，近年來許多入山民眾遵行避熊對策，不過，人熊遭遇五十八個案例之中，只有二十二件（37.9%）民眾有避熊對策。避熊對策主要是攜帶避熊鈴（二十件），另有一件隨身攜帶笛子，於重要地點拿出來吹。另外一件在重要地點高聲吼叫。大體上，攜帶避熊鈴較能避免遭遇黑熊，但也不是百分之百。有案例顯示，民眾入山隨身攜帶避熊鈴、一路叮叮噹噹，卻仍發現熊出現在相距二十公尺處，未察覺人類存在而走過。前述黑熊有很強躲避人類的能力，但由此案例看來，也有熊馬馬虎虎或神經遲鈍。似乎熊有各種不同性格。

話題拉回來，前面討論的黑熊即使近距離與人遭遇，也未必會發動攻擊。但也不是說牠們完全不會攻擊，以奧多摩黑熊攻擊案例爲例，雖然機率不高，但仍然存在。

那麼，黑熊朝人類走來是否代表準備發動防禦性攻擊？事實上可能有些不是眞的要攻擊，而只是「威嚇性攻擊」（Bluff charge）。威嚇性攻擊常見於大猩猩，熊類也會有這類行爲。加拿大熊類研究者史蒂芬・赫雷羅，其研究北美棕熊與美洲黑熊發現，牠們與人類遭遇而且進入臨界距離以內，會快速朝人類衝過來，但卻在距離人類很近的地方停下腳步，用前腳敲擊地面然後後退幾步，他說熊類常有這種動作。當然，遇到這種狀況民眾當場嚇壞，無法判斷熊是否要發動攻擊，還是只是威嚇？不過，若此時民眾冷靜後退，熊多半也會撤退、離開現場。我自己也好幾次未察覺而來到很接近熊的地方，對方突然衝過來，所幸每次都是來到前面不遠處就折返，或者稍改變方向錯身而過，消失於森林中。通常，熊對人類實施威嚇攻擊時，人類慌張逃跑，反而可能引發熊的鬥志，從威嚇攻擊轉變成爲眞正的攻擊。這種行爲模式有點像狗，看見人類逃離現場時，反而會本能性地追撲上去。奧多摩地區曾發生民眾被母熊攻擊案例，該民眾遭遇母子熊立刻轉身逃跑，反被母熊追上，從背後撲倒。該案例無法確認熊衝到人面前是要攻擊或只是威嚇；但在熊眼前逃跑，很可能就是導致母熊發動攻擊的眞正原因。

總之，熊對人類發動防禦性眞正攻擊比例雖低，畢竟還是有可能發生。此時被攻擊者多少會受傷，少數演變成死亡事故。若熊攻擊人類只是自我防禦，其威嚇動作就是希望制止不遠處的人類，只要人類不動或後退，熊就會停止動作。至於母子熊同行，母熊做出威嚇動作大概是為了爭取足夠時間讓幼熊至附近安全地點避難。因此和捕食行動（Hunting）不同，不需殺死對方（人類），攻擊時間多半很快結束。遇到這種情況，重點是撐過短暫攻擊，許多黑熊遭遇手冊都這樣寫。遭遇黑熊攻擊時，得撐過短暫攻擊，最好雙手護住顏面及脖子。這是正確建議。不過也有調查報告指出，發動攻擊黑熊離開受害人類後，受害者保持被擊倒姿勢而鬆一口氣，瞬間黑熊又回頭再度攻擊。對於被攻擊的人類而言，這是最恐怖的。黑熊這樣的行為可能是牠們已無意識地進入亢奮狀態，倒在地上的人類做出某種動作便再度刺激牠們發動攻擊。所以，即使一開始看起來只是防禦性攻擊，黑熊也可能變成連續下毒手。

黑熊捕食人類的可能性

前述，黑熊攻擊人類係為自我防衛。前面介紹過許多案例我想讀者都已能理解，黑熊並非好戰動物，不會像大家擔心的那樣看到人類就襲擊過來。基本上黑熊不會直接把人類當作食物而發動攻擊。不過，也不是完全沒有黑熊襲擊人類並啃食人類、把人類當作食物的例子，這方面還是找得到歷史紀錄。

東北藝術工科大學田口洋美研究發現，記載日本近世（江戶時代）東北地方各種歷史事件的《弘前藩廳御國日記》，內容提到上山砍柴或採山菜的民眾遭遇黑熊襲擊且被吃掉。其中，一六九五～一六九九的五年之間，包含兒童在內，多達男女共十一人被黑熊殺害，且都被啃食[32]。古代文件只概略說明，無法從中了解詳細狀況，但至少確認日本歷史上曾出現攻擊、啃食人類的黑熊，但因政府部門及民眾團結，將攻擊人類的黑熊驅逐到深山。弘前藩文件還提到，當地藩政府命令擅長狩獵的當地原住民叉鬼與津輕愛奴人追趕殺人熊。推測弘前藩黑熊殺人事件可能是，一開始熊自我防衛而發動攻擊，被襲擊的民眾受傷倒下，獸性大發的黑熊於是將倒地人類視爲食物，並發動攻擊、加以啃食。這種攻擊、啃食人類的經驗說不定會傳承給幼熊等熊類，幼熊學會把人類當作食物。這種可能性還是存在的。

黑熊攻擊人類並以人類作爲食物、第一次有經科學驗證的詳細紀錄案例，發生在二〇〇〇年五月山梨縣。當時某男性民眾入山採款冬（野菜），依照現場的殘留證據顯示，男子專心於採菜並未注意到後方有黑熊緩慢靠近，結果遭攻擊並被吃掉。該黑熊利用枯葉與泥土覆蓋沒吃完的男性屍體，並待在附近尚未離去，幾天後被搜救獵友會的會員射殺。加害熊被有關單位埋在山中，過了幾天，野生動物保育管理研究所凱特利・安傑林將其挖出來，並分析胃中內容物，發現胃中內容物約15%爲受害民眾的肉[33]。據了解，安傑林先生跟有關單位交涉、爭取解剖加害熊遭遇相當大的阻力，費很大的勁才得到許可。解剖調查報告顯示，該黑熊可能以捕食爲目的而發動攻擊。

一九八八年，山形縣戶澤村發生三件黑熊攻擊人類致死案件。岩手縣黑熊研究者藤村正樹，與任教於岩手大學的青井俊樹聯手調查，並向日本黑熊保育聯盟提出報告[34]。三件黑熊殺人事件之中，第一件發生在當年五月，神田地區一名上山採竹筍的成年男性（六十一歲）死亡。第二件發生在約半年後的十月，同樣於神田地區一名上山採鬼核桃的成年女性（五十九歲）死亡。第三件也發生在十月，古口地區一名採栗子的成年男性（五十九歲）死亡。第三件人身事故發生後不久，有關單位在當地捕獲一頭黑熊，從其胃內容物驗出人肉，並送警方鑑定結果，確認爲第三件被害者的身體[35]。此黑熊吃人事件收錄在山形縣黑熊食性研究論文之中[36]。研究報告顯示，第二件與第三件事故的遺體，其大腿被黑熊啃食，加上第一件事故屍體的大腿也有咬痕，當地民眾因此認定，三件事故是同一頭黑熊所爲。有人指出，被捕獲之行兇熊曾在幼獸期短暫養在戶澤村內，當時頭部受重擊，開始出現異常行動。報告也提到，這頭行兇黑熊其頭骨矢狀脊有骨折。推估事件過程，第一件事故可能黑熊發動防禦性攻擊使被害者死亡，於是黑熊啃咬死者。第二件之後則因有了經驗，直接變成發動捕食攻擊。一般認爲，山形縣這三件黑熊攻擊、啃食人類的事件，可能是特殊狀況。

黑熊連續攻擊人類的死亡事故，還有二〇一六年五月到六月的秋田縣鹿角市十和田地區，合計四人死亡[37、38]。黑熊如此密集地攻擊人類致死，前所未見。第一件死亡事故發生在五月二十日十和田地區的熊取平（地名），一名成年男性（七十九歲）死亡。五月二十二日同樣發生在熊取平，一名成年男性（七十八歲）死亡，三天後二十五日於田代平（地名）一名成年男性（六十五歲）、六月八日同樣於田代平一名成年女性（七十四歲）死亡。四位受害者都是上山採竹筍遭遇熊襲且被啃食。另外，那段期間田代平附近另有兩個案例是黑熊攻擊人類，雖未造成死亡事故，但該問題熊其行爲模式異常、堅持攻擊且啃食人類。第四件死亡事故發生後，現場很快捕獲一頭母熊，將其槍殺後解剖，發現胃內容物中人肉占三分之一，竹筍占三分之二。

四位民眾被熊殺害，是否都是這頭母熊所爲，還是有其他黑熊參與，現場未取得加害熊遺留物，故難以判斷。我曾加入日本黑熊聯盟調查團，前往發生事件的十和田現場採證調查，但畢竟距離事件發生已有段時間，無法取得有效樣本。但値得注意的是，案發地點都在耕地或牧草地附近，說是山區，但其實是社區附近淺山（日文「里山」）。綜合各項跡證研判，可能十和田地區正好是在一九七九年之後，其東北地方黑熊族群擴大的範圍內，因此即使未入深山而只在淺山活動，民眾仍因此遭遇熊攻擊。

除了十和田這些案例，另外也有情況是黑熊因某種原因而攻擊人類致死，發現人類死亡於是加以啃食（當然也不能否定熊一開始就是以捕食爲目的發動攻擊，但上述案例並無相關證據）。

長野縣於二〇〇六年六月，一名成年男性入山採竹筍，被帶著兩頭幼熊的母熊攻擊死亡，身體部分被啃食。長野縣環境保護研究所岸元良輔團隊調查報告[39]指出，母熊用樹葉覆蓋死者身體，待在附近並未離開。待有關單位派人抵達現場、射殺行兇母熊，兩頭子熊則逃脫。報告指出，該名受害者隨身攜帶收音機，搜救隊伍循收音機聲音找到現場。調查報告無法確認該熊一開始是自我防衛攻擊還是直接捕食人類，但至少證明，上山帶收音機未必能讓黑熊害怕走開。或許有種可能性，黑熊嗜吃竹筍，若人類剛好埋頭挖竹筍不小心正面碰上，可能就會釀成悲劇。另外，兩頭幼熊逃離加害現場行蹤不明，在「犯案」過程中牠們是否已學會殺人，無從知曉。

秋田縣則於二〇〇七年六月十三日，在鳥海山五合目地區，有一名採山菜的山形縣成年男性（六十三歲）被熊襲擊咬死。秋田縣自然保護課的泉山吉明先生通知我此事，但該縣政府並無詳細紀錄，故正確地點與危害程度不明。另外，此事件前幾天的六月九日，同樣在鳥海山五合目附近，一名採山菜的成年女性（五十三歲）遭遇熊襲重傷，是否相同黑熊所爲，情況不明。

最後的案例是福島縣二〇一三年五月人身事故。此案例官方無詳細資訊，大概是成年男性單獨入山採菜後行蹤不明，隔天有關部門搜救隊入山，結果在已死亡的該男性身旁遭遇黑熊，四名搜索隊員因此負傷。福島縣政府未發布相關資訊，但可看出黑熊會固守被牠攻擊的人類屍體並視爲占有物，甚至攻擊試圖靠近的搜索隊員。此案例之男性是否一開始就直接遭熊攻擊無由了解，但至少不能否認，最後死者被熊啃食了。另外也有書籍提到其他民眾入山被黑熊攻擊死亡、遺體部分被啃食[40]。書中所述行凶黑熊尚未被捕，可能成爲不定時炸彈。

由以上案例可知，若有機會動手，黑熊確實可能把人類當作食物。有這種行爲模式的黑熊，不得不將其設定爲「危險黑熊」而立刻予以捕獲。對於黑熊而言，也許只是生物本能地行動，但若已養成吃人習性而讓牠繼續存在，恐將破壞人熊和平共存之現況。

黑熊傷人事件之實況

統計前述黑熊傷人事件如圖3-4所示，二〇〇四年之後日本黑熊開始大量出沒並傷人

（參照環境省統計資料）。由上表可知，二〇〇四年後總計四年，黑熊傷人事件受害者已超過一百人，其它年也有數十人。看來黑熊傷人已經常態化且成爲社會問題，亟需解決。

前述，日本熊聯盟曾依據各地方政府所做紀錄，或聯盟自行蒐集之資料，統計一九九四～二〇〇八年度全國黑熊傷人事件[30]。

但有些地方政府相關資訊參差不齊，統計數字應只是最低值，但即使如此，那十五年的合計還是確認發生了一千〇二十六件黑熊傷人事故。以地方別來看，發生件數特別高的是東北地方（青森、秋田、岩手、山形、宮城、福島六

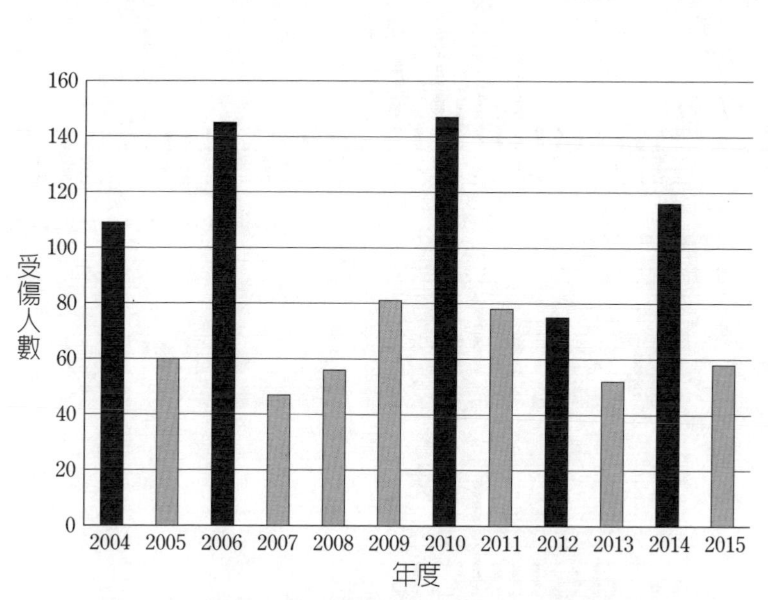

圖3-4 黑熊傷人受害數年度別統計（環境省統計）

縣），其次是甲信地方（山梨縣、長野縣）。其中，北陸地方（本州中部日本海沿岸的福井縣、石川縣與新潟縣）於二○○四與二○○六年因黑熊大量出沒造成人身事故（圖3-5）。另外，從圖的Y軸刻度可看出，日本各地黑熊傷人事故規模差異很大。

受害程度方

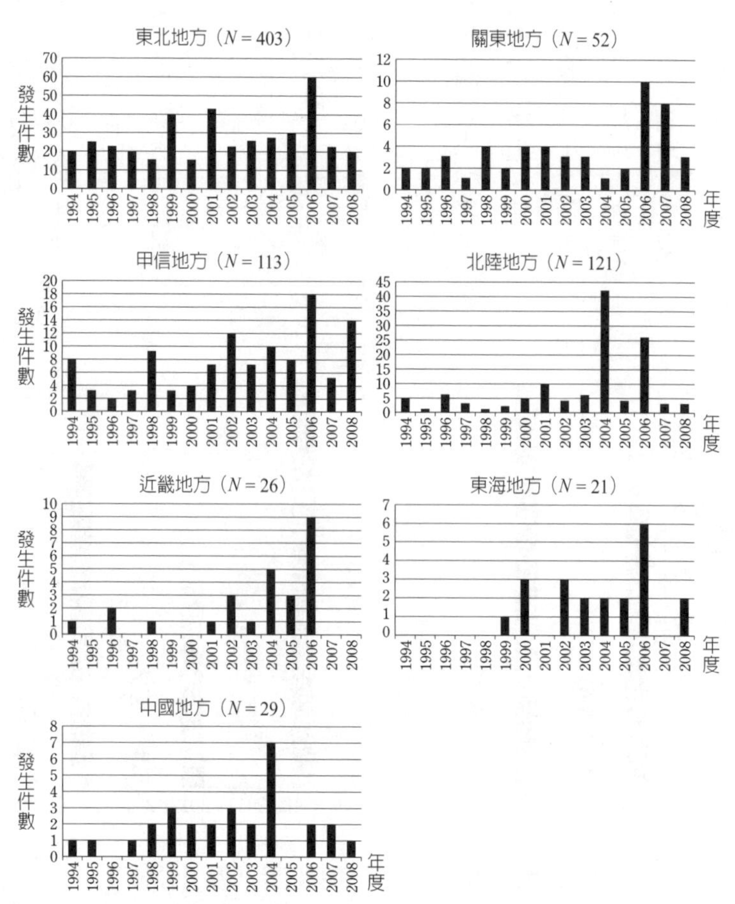

圖3-5　地方別黑熊傷人事故件數（引自日本黑熊聯盟，2011年報告）。

面，這幾年負傷致死只有個位數（圖3-6）。但受傷程度以東北及北陸地方之黑熊傷人事故來看，受害者約50%重傷。很多縣市也發生黑熊傷人嚴重事件，但未留下紀錄，此問題將另章討論。

話說回來，討論黑熊傷人事故，不妨與被虎頭蜂叮咬、致死案件來比較。可至內閣厚生勞動省網頁之人口動態調查，來查詢虎頭蜂等蜂類刺傷民眾致死件數。二〇一二年到二〇一四年，分別是二十二人、二十四人以及十四人。單從數字看，黑熊傷人致死件數還比蜂類少，但黑熊傷人即使未致死，多半重傷且後遺症大。如第六章所述，黑熊造成民眾重傷，受害者臉部可能被抓得面目全非而難以整形治療。就此而言，虎頭蜂傷人反倒單純。

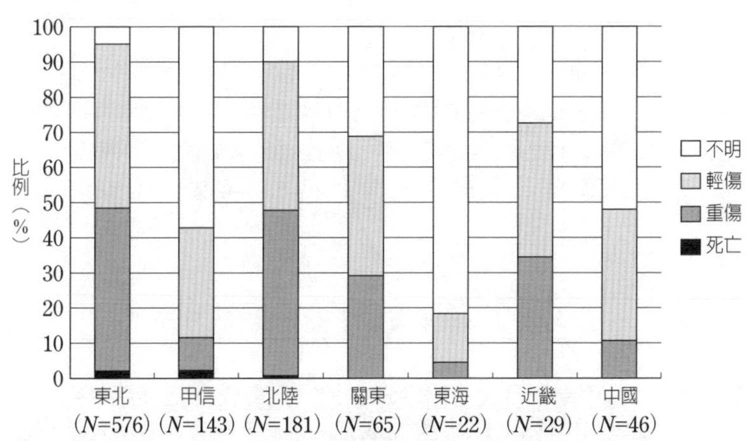

圖3-6　地方別黑熊傷人事故嚴重程度（引自日本黑熊聯盟2011年報告）。「不明」代表受傷程度未留下紀錄。

日本黑熊聯盟報告書中，比較黑熊大量出沒年與平常年之黑熊傷人事故發生型態。從發生月別消長來看，平常年的黑熊冬眠醒來時約四到十月之間，各月事故數目很平均。反之，大量出沒年之黑熊傷人事件明顯集中於九～十月（圖3-7）。如前章所述，當黑熊大量出沒於人類活動空間時，其主因之一是森

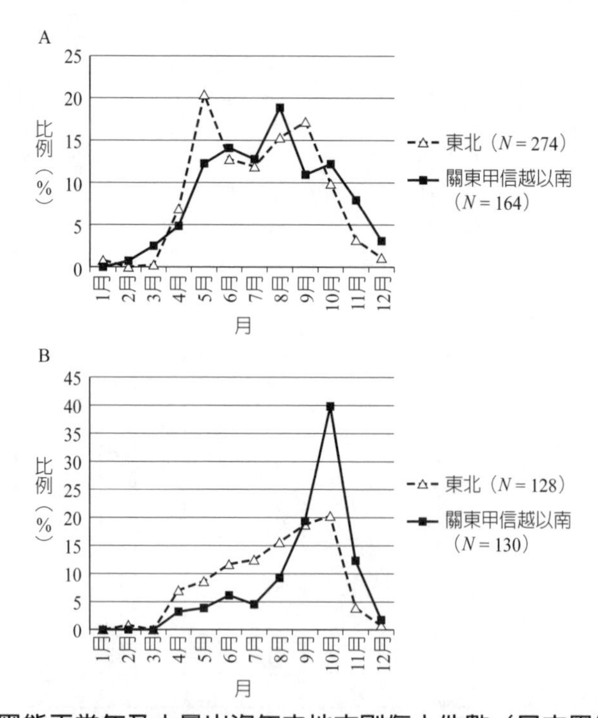

圖3-7　黑熊平常年及大量出沒年之地方別傷人件數（日本黑熊聯盟2011年報告略修改而成）。A：平常年，B：大量出沒年（大量出沒年的定義，東北為2001、2004、2006年，關東甲信越以南為2004、2006年）。

林秋季堅果結實不佳。原應攝取大量堅果準備度冬之黑熊，因食物欠缺，而從九月中旬左右開始侵入民眾生活空間而傷人。可見堅果結實不佳，黑熊爲了果腹得擴大活動範圍，因此增加與人類遭遇之機會，且若在民眾住家附近發現可代替堅果之魅力食物，可能就會徘徊不走。

另外，從黑熊傷人事故的時間點來看，平常年多發生在天亮到日沒爲止的時間帶。反之，在大量出沒年時，關東與甲信越地方以南，黑熊最大量出沒的時間是早晨及日沒（圖3-8）。這部分待後面詳細說明，黑熊到民宅附近展開攝食行動，行爲模式可能從原本的晝行性改變成夜行性。

黑熊傷人事故的地點，平常年多在黑熊棲地山林內，但大量出沒年除了山林內傷人案件，也出現黑熊進入農地、住宅區甚至闖入民宅（圖3-9）。大量出沒年時黑熊出現在例外地點而傷人事件的統計，如圖3-9所示。

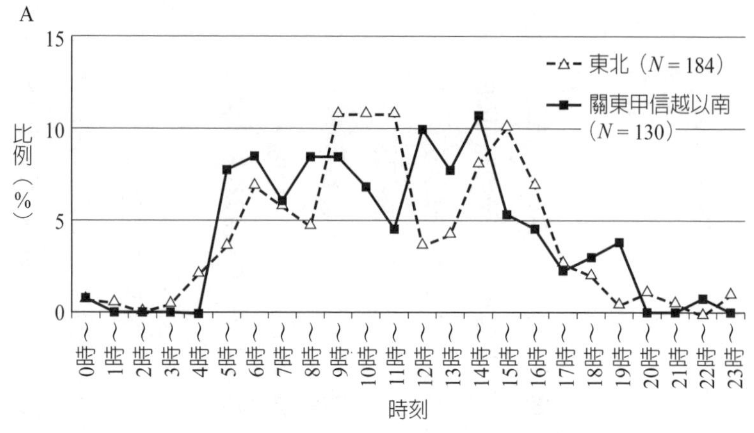

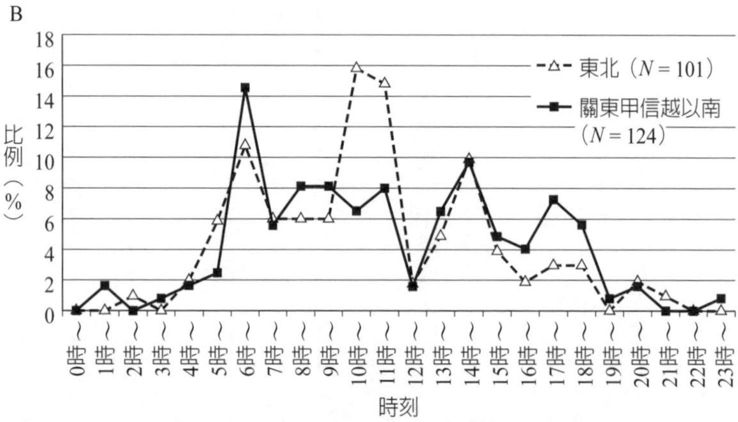

圖3-8 黑熊平常年及大量出沒年之地方別傷人發生時間帶（日本黑熊聯盟2011年報告略修改而成）。A：平常年，B：大量出沒年（大量出沒年的定義，東北為2001、2004、2006年，關東甲信越以南為2004、2006年）。

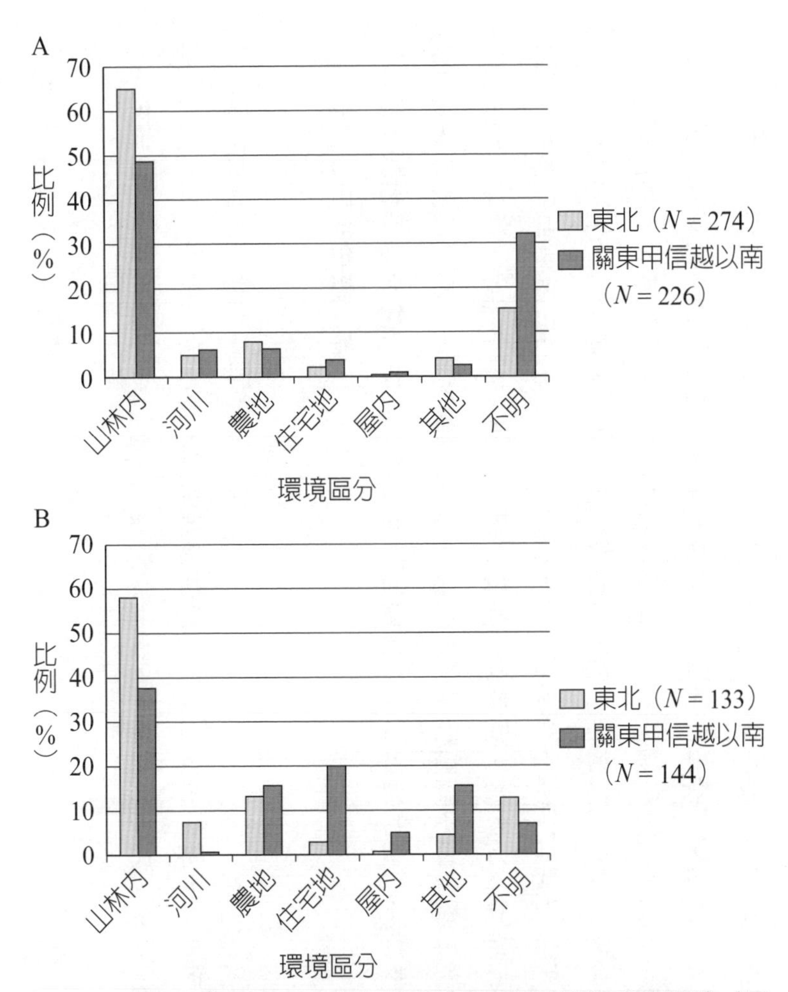

圖3-9 黑熊平常年及大量出沒年之地方別傷人事件發生環境（日本黑熊聯盟2011年報告略修改而成）。A：平常年，B：大量出沒年（大量出沒年的定義之中，東北為2001、2004、2006年，關東甲信越以南為2004、2006年）。

6 黑熊行爲模式改變

前面整理了黑熊與民眾遭遇、衝突的案例。黑熊爲何靠近民眾生活空間，並改變哪些行爲模式，以下介紹三個案例。這些案例都是我現場調查了解的，只是很可惜，和人類衝突的這三頭黑熊最後都遭捕殺。

奧多摩山地年輕公熊

幼熊隨著成長而建立有別於母親的活動範圍，不同種類的熊可能有不同過程或模式。我曾深入研究此問題，大體上雌幼熊長大獨立後，活動範圍不會脫離母親行動圈太遠，多少會重疊。反之，公熊一定年齡後會脫離母親活動範圍，到遠方建立自己的活動範圍。這可能也是爲了避免與母親近親交配的遺傳多樣性需求，保種且擴大族群分布範圍，這類行爲模式稱爲「分散活動模式」。但可惜日本黑熊的分散模式尚無人深入研究，故所知有限。特別是年輕公熊的行爲模式有相當多待解之謎。這類研究不易進行，因年幼黑熊脖子不斷長粗，衛星追蹤系統項圈可能嵌入其脖子，因此使用衛星遙測追蹤系統仍有疑慮。

年輕公熊脫離母親活動範圍，往外探尋食物等未知世界，可想像其沿途會遭遇各種困難。不只熊類，「青少年期」的野生動物皆死亡率較高，黑熊若無法找到足夠食物，就可能冒險闖進人類居住空間，進行覓食。

我為了進行研究，於一九九六年六月在東京都奧多摩町峰谷地區捕獲一頭公幼熊（個體識別編號MB80）。當時推估年齡兩歲，體重只有31.5公斤，不安裝衛星遙測追蹤項圈，只做耳朵標記當場野放。麻醉時公幼熊未掙扎，脾氣非常好。捕獲該黑熊的地點四周無其他黑熊出現跡象，我們研判年輕黑熊可能剛離開母親獨立不久。六月是黑熊發情交尾期，也是母熊讓幼熊獨立的季節。

這頭公幼熊野放後到了二〇〇一年八月卻出狀況。牠走到與奧多摩町有點距離的埼玉縣大瀧村（現為秩父市）旅館區，破壞牆壁通風扇侵入廚房，吃光飯店供應房客一大鍋牛肉湯。旅館人員發現架設有害捕獲用陷阱，隔天捕獲再度闖入的這頭熊並予以槍殺。此時公幼熊已四歲，達性成熟年齡。被捕殺一陣子之後，東京大學石田健教授來電告知，牠身上有我繫掛的耳標。聞訊後立刻前往現場，可惜MB80公熊已被掩埋，故無法確認。詢問當地民眾，說是三個大人才抬得起來，推估體重超過八十公斤。他們給我看陷阱中的MB80照片，圓圓滾滾很大隻。若推估體重正確，原本只是小孩子的MB80在短短兩年內，體重增加近兩倍。

MB80最初的捕獲地點和大瀧村旅館區，其直線距離約二十公里。旅館員工指出，旅館後面廚餘桶曾被動物打翻，一開始以爲是猴子，於是桶蓋上放鋁梯壓住，但仍無法阻擋黑熊入侵。

推測其在奧多摩町山區與母親分開後，建立自己活動範圍、進入「分散活動模式」的MB80，經過一段流浪期，最後在約二十公里外的大瀧村，發現容易取得的高卡路里整桶食物。大瀧是埼玉縣著名觀光旅館區，在MB80被捕殺旅館的不遠處，還有規模很大的公營旅館設施，而該公營旅館垃圾場也曾有黑熊出沒紀錄。我所取得的資料無法了解MB80何時來到大瀧地區，乃至於牠是否入侵不同旅館，都是未知數。不過從其體重快速增加研判，進入分散活動模式後，牠可能馬上開始依賴人類食物。年輕、缺乏經驗的MB80發現旅館區食物容易取得簡直是樂園，卻不幸因此喪命。從蒐集各種證據推估，MB80被捕旅館附近，可能還有其他黑熊來尋找食物。若無法完全撤除引誘黑熊的食物，以後可能會繼續發生人熊衝突事件。所幸大瀧地區旅館業者之後改善設施，避免食物或廚餘暴露引來黑熊。

日光足尾山區壯齡母熊

前面數度提及母熊活動模式保守，不太大範圍移動。同理，年輕母熊即使進入「分散活動模式」，其活動範圍也不會離母親太遠，彼此會有部分重疊。這是因爲母熊爲了生產與育兒，重視安定。但若堅果整季歉收，母熊也可能長距離移動，我在日光足尾山區的研究確認了這種狀況。

以日光足尾山區作爲研究據點實施調查活動，隔年我學術捕獲黑熊並野放，其中一頭母熊FB70後來又被捕獲、並連續數年透過衛星追蹤。二〇〇四年初次捕獲時體重四十一公斤，八歲、很健康。之後二〇〇五年、二〇〇六年、二〇〇九年都掉進我設的陷阱，最後一次捕獲爲二〇一〇年，當時的FB70已十四歲。上述年分每次捕獲都重新裝設頸圈發報器，並持續追蹤牠的行爲。FB70讓我知道很多黑熊習性，我在日光足尾山區的黑熊研究、許多科學知識與發現都得歸功於牠。其中我發現，堅果歉收年分時，牠會離開根據地足尾地區，往南側群馬縣綠市或西側片品村，進行十二～十五公里的季節性長距離移動【41】，但冬季末期會乖乖回足尾地區。待在足尾過冬期間，牠數度生產並養育幼熊。

但二〇一〇年裝設的頸圈發報器可能因機材故障失去訊號，但即使如此，我在足尾山區架設的自動攝影機，仍數度拍到牠的身影。每次看牠安好，就覺得寬心。

不料二〇一六年十一月上旬，「群馬野生動物事務所」春山明子小姐傳來意外消息，十月三十一日一頭有耳標及項圈GPS發報器的黑熊在某養魚場被有害捕獲。她把發報器寄給我，是FB70。因發報器項圈自動脫落裝置故障，故已失去作用。該養魚場在沼田市，位於FB70多年活動範圍之西南方直線二十五公里處。此時FB70高齡二十歲。養魚場主人表示，那段期間除了FB70，也同時有害捕獲了數頭黑熊。養魚場凹地設施和農地不同，容易架設電網與探照燈，不知爲何仍吸引黑熊前來。

在那之前已連續六年未追蹤到FB70的行動，疑惑牠爲何大老遠跑去沼田市養魚場，是季節性離開根據地往外移動，還是單純擴大活動範圍而已？綜和FB70的年齡及過去我在足尾地區觀察到牠的行爲模式，很可能是暫時長距離移動到沼田市養魚場。母熊有時也會心血來潮跑很遠，如果當地有令牠垂涎的食物，就更容易展開行動。

日光足尾山區壯齡公熊

最後來談第二章提過的栃木縣日光市足尾山區公熊（個體識別編號MB69）。以衛星追蹤這頭公熊多年，一開始是二〇〇六年七月捕獲，當時夏季，通常足尾地區夏季公熊體重會稍下降，MB69卻圓滾滾重達一百〇八公斤。那幾年我陸續在足尾地區學術捕獲數十頭黑熊，分析基因了解其家系遺傳，發現MB69最壯年期間與好幾頭母熊交尾，並留下許多子孫。後來年紀漸大，MB69外貌改變，最後學術捕獲的二〇一〇年八月（十七歲），體重已減到八十一公斤。此時MB69皮膚鬆弛，身上有許多大小傷痕，說明之前曾與其他公熊激烈打鬥。照片中的MB69毛髮稀疏、毫無光澤，牙齒也變短了。黑熊壽命約二十歲左右，牠已近晚年。

我發現二〇一〇年八月之後，MB69離開十七年根據地的足尾地區，往東、朝較低海拔山區移動，來到一處國道附近的養鱒場。該養鱒場位處山麓，之前曾吸引黑熊靠近，業主請求政府支援設置了電網。只是養魚場周邊有不少山溝，電網下面仍有空隙，無法完全阻斷黑熊侵入。

後來養鱒場主人目擊加上拍攝到的影像顯示，二〇一〇年這一年包括MB69在內，先後有數頭黑熊出沒該養鱒場。二〇一〇年日本山區堅果普遍歉收，不只足尾地區，日本各縣市都出現許多黑熊跑到淺山的案例。

養鱒場水相當深，黑熊捕食不易，於是MB69鎖定死魚、飼料球以及養魚場庭院飼養數隻狗的狗食。幾隻黑熊輪番入侵，養鱒場主人便把吸引熊的死魚、飼料球等收乾淨，但防範對策仍無法抑制得寸進尺的黑熊，牠們拆除、破壞住宅玄關及倉庫牆壁入侵。第五章將會深入討論「野化訓練」（rehabilitation），實施過程須克服的難題之一就是不易取得地區民眾支持。總之，野化訓練（rehabilitation）的MB69，掉進養鱒場主人設的「有害捕獲陷阱」，被有害捕獲槍殺。當時的情況是，養魚場主人架設陷阱，MB69很快中網，但牠破壞陷阱逃走，並於附近徘徊，十日後再度中網。因爲之前破壞陷阱逃走，第二次捕獲立刻槍殺。

被槍殺後體液流失，體重仍高達一百〇五公斤，比八月時增加30%（二十四公斤）。短短時間內體重增加如此之多，推估這一個多月MB69每日攝取熱能接近一萬卡路里。

從取下的GPS項圈下載MB69活動位置與活動量資料，發現牠八月下旬離開海拔一千五百公尺左右的山區，往較低海拔走，最後來到海拔一千公尺以下的聚落附近，九月一日第一次抵達養魚場。一般黑熊都是黎明或薄暮攝食，直到該年八月爲止，MB69皆保持這種行爲模式。但八月之後，MB69卻改變行爲模式，開始大白天攝食。但九月後牠又轉回夜行性活動模式。如上述，改成夜間出沒，可能是爲了潛入養魚場捕魚。

牠潛入養魚場的期間，白天多半在距養魚場二百～四百公尺的狹窄範圍休息。可能MB69有察覺待在人類生活圈危險、不舒服，但終究無法抗拒食物的魅力。就這樣以養魚場食物維生，體力已過巔峰期的MB69白天在養魚場附近休息，晚上潛入。按理說曾中網會恐懼，但可能養魚場太有吸引力，在他眼中彷彿天堂吧！

闖入人類生活空間的黑熊轉成夜行性活動模式，各地時有所聞。我的團隊在東京都奧多摩山區做複數黑熊行爲研究也發現，深山黑熊行爲模式晝行性；出沒聚落附近的黑熊則以夜間行動爲主【42】。岩手大學坂本芳弘與青木俊樹團隊的都市郊外出沒農地黑熊行爲研究【43】，以及福井縣自然保護中心水谷瑞希團隊的依賴聚落農民採剩果樹取食之黑熊活動範圍研究【44】，兩者同樣得出黑熊行爲模式因此改變的結論。可見黑熊爲了避免與人遭遇、能安心享受具致命吸引力的人類食物，會改變成夜間活動模式。

年老的MB69其「晚節不保」讓我們了解，黑熊即使上了年紀仍能適應環境變化，而人們可能有必要深入了解，如何才能避免讓黑熊往人類生活空間跑。一旦嚐過甜頭，即便遭遇人類防範、障礙巨大，牠們仍突破重圍而出現。黑熊闖入山區養魚場並不罕見，MB69沒有大膽到白天公然闖入有人行走的養魚場。不過，假若MB69爲母熊且曾帶領子女私闖養魚場，會不會讓子女熟悉養魚場美妙滋味，不小心誕生敢公然在白天挑戰人類的「新世代黑熊」呢？爲了預防萬一，在黑熊族群養成白天到人類生活空間取食的習慣之前，人們應有所警惕，構思人熊「保持距離」的辦法。

第四章

失去蹤影的日本黑熊

前幾章探討日本各地黑熊分布變化及人熊衝突問題。整體來看，亞洲各國很少像日本這樣擁有大量亞洲黑熊族群，且棲地十分完整。但島國日本仍有兩個較小島嶼九州與四國之黑熊處境不佳。其中，九州黑熊於二〇一二年環境省宣布已滅絕；四國地區也只剩下劍山山系小範圍殘存約三十頭。本章便以這兩地滅絕或接近滅絕的黑熊為主題。

九州與四國的日本黑熊，其滅絕或瀕危給我們的警惕是，日本雖仍有「為數眾多」的黑熊，但頂多也是幾萬頭，即使棲地環境改善也不可能增加到十萬、二十萬頭。相反的，野鹿與山豬的數目大得多。環境省與農林水產省二〇一三年公布「鳥獸捕獲澈底強化對策」，指出日本山豬推估總數八十八萬頭，野鹿（日本鹿）二百六十一萬頭，希望十年後（二〇二三年）野鹿與山豬減半。即使順利減半，也還是分別有四十萬、二百三十萬。與此相比，粗估約一萬三千頭、頂多三萬頭的日本黑熊，其數目只是山豬、野鹿的零頭。

因此，過去發生在九州與四國黑熊的故事，一不小心可能在幾年間也會發生在全日本野生黑熊的身上，突然陷入滅絕危機。畢竟日本黑熊從來就不是數量可能暴增之野生動物，而且相對而言牠們更容易誤入捕獵陷阱。

1 九州的黑熊

歷史上日本黑熊在五十萬年前從亞洲大陸踏上日本國土的地點，便是九州。但可惜在日本人開始有黑熊保育觀念之前，當地日本黑熊已經所剩無幾，而且還沒等到政府擬定研究計畫、展開保育行動就已滅絕。可以想像江戶時代到二十世紀這幾百年間，九州地區日本黑熊族群分布與數量應該是一路減少，但可惜這方面可靠之紀錄非常少，無法還原日本黑熊在九州走到滅絕的過程，並看出其原因。如後述，現存九州地區所捕獲的日本黑熊標本非常少，幾乎無法掌握其遺傳特徵。

黑熊在九州存活不易，因而環境省一九九一年將當地日本黑熊列入「瀕危物種地區族群（LP）紅色名錄」。亦即當地黑熊與其他地區黑熊族群隔絕，已瀕臨滅絕。然後到了二○一二年八月，第四次修正「瀕危紅色名錄」時公告刪除日本黑熊，正式承認日本黑熊已在九州滅絕。日本黑熊除名的理由是，「過去五十年來，未曾獲得也不曾見過當地有日本黑熊存活之相關資訊」，完全符合紅色名錄列名刪除之條件。

不過，事實上距一九九一年之前不久，在一九八七年十一月二十五日，個體戶獵人宗像充先生，在大分縣側的祖母傾山山脈笠松山捕獲黑熊一頭（後來宗像先生改口說是在祖母傾山北側青鈴山脊捕獲[11]）。他表示係山豬陷阱不小心抓到黑熊，此事引起騷動，有關單位激烈爭論該被捕獲之黑熊是野生熊還是民眾棄養熊。

官方紀錄九州現蹤的最後一頭日本黑熊是一九四一年（或一九五七年，詳後述）。若一九八七年捕獲之日本黑熊爲野生熊，就代表一九四一年之後四十幾年間，黑熊仍持續繁衍於九州。專家熱烈討論其可能性，也有好幾位提出多篇研究報告。

一九八七年捕獲的這頭黑熊公熊，其牙齒磨損異常嚴重，四根犬齒都磨到幾乎只剩齒槽。才四歲的黑熊就有這種狀況，專家指出可能是曾被捕獲、掙脫撕咬陷阱才造成四根犬齒全部折斷[2]。因此推論這頭日本黑熊並非持續野生於當地。而且，其頭蓋基底長度量測值異常的大，可能屬於西中國山地以北寒冷地帶、個頭較大的日本黑熊族群【2】。但有人反駁這些論點，民間企業「野生動物保護管理事務所」員工羽澄俊裕先生著文指出，之前有人在神奈川縣丹澤山區捕獲年輕黑熊，是野生熊但犬齒幾乎磨平【3】。然後，當時任職東北大學的助理教授高槻成紀，透過分析胃內容物顯示，該被捕獲黑熊胃中食物幾乎都是橡樹果實，可見即使曾被飼養，至少也有一段時間處於野生狀態【2】。進一步取其直腸糞便進行藥劑耐性大腸菌檢查，並未出現耐性反應，推斷已四年處於非人類飼養環境【2】。若耐性菌消失已超過四年之預測正確，該黑熊應該於出生後就生活在非人類環境。

各項論證一一提出，但支持與反對者所提證據都不具絕對證明力，該捕獲黑熊是否為野生，其正反意見相持不下，於是任職森林總合研究所之大西尚樹教授，與總合研究大學大學院（研究所）的安河內彥輝教授，針對冰存在北九州市立自然史暨歷史博物館之該黑熊肌肉樣本進行基因分析，確認其單倍型（單倍體基因型haplotype）屬於生存在福井縣到岐阜縣西部之日本黑熊族群。結論是該捕獲黑熊來自本州中部以東族群，或本州中部以東的母熊所生【4】。本研究報告也成為前述二〇一二年IUCN國際自然保護聯盟瀕危物種名錄，將九州日本黑熊族群除名之根據。亦即確認一九四一年之後，九州不再有野生日本黑熊。

那麼這頭公熊或其母親如何移居至九州當地？按理說黑熊不可能自己從本州長途跋

涉、游過關門海峽的湍急水流來到九州。專家推測，可能是黑熊走私業者打算將本州捕獲之黑熊送往朝鮮，卻因故經過九州時放生黑熊。這項推論有其根據，因為韓國人深信熊膽為珍貴藥材，黑熊在朝鮮一向地位崇高，朝鮮神話開國國王檀君之母即為黑熊化身。而韓國黑熊在一九五〇～七〇年數量急劇減少，幾乎陷入滅絕狀態（目前的狀況見第五章說明），正如韓國國立生物資源館館長韓尚勳先生所述，活黑熊在韓國是珍寶一般的天價。在此情況下，走私業者從日本本州捕捉黑熊送往朝鮮，也就不令人意外了。後來一九八〇年代韓國人開始復育黑熊，公私管道從日本在內的亞洲各國進口，五年間累積達五百頭[5]。其時間點和祖母傾山一九八七年捕獲之日本黑熊一致。另外，走私復育用的黑熊基本上會選擇幼熊，而不是更容易反抗受傷之成年熊，這點也符合該捕獲的公熊只有四歲，且在九州生活可能已近四年的狀況。換言之，一九八七年這頭九州現身的黑熊應不是走私母熊所生，而是幼熊被放生至九州。

當然，身為研究人員筆者，非常希望九州的黑熊並未滅絕。事實上，至今仍有許多專家學者努力蒐集九州仍有黑熊之證據。例如，宮崎縣居民栗原智服先生，其詳細整理歷史上找得到的當地黑熊紀錄，甚至有二〇〇〇年之後的新紀錄[6]。但正如之前大西尚樹教授所做的一九八七年捕獲日本黑熊之基因分析，九州地區新發現的日本黑熊按理說都應進行基因定位，否則即使二〇〇〇年之後有黑熊現蹤報告，也只能暫定為「熊類觀查紀錄」，而無法斷定為九州產日本黑熊。但前述當地作家宗像充先生仍念念不忘追尋九州野生黑熊，並彙整完整的資料。事實上，日本亞洲黑熊保育聯盟同樣寄望九州能再度發現野生黑熊，因此二〇一一年到二〇一三年在祖母傾山系實施大規模現地調查，試圖蒐尋更多標本資料等，這部分後面將詳細說明。

日本黑熊歷史紀錄所呈現的事實

九州地區的日本黑熊族群數量，很可能近百年來已持續減少，但如前述，今日已很難重現日本黑熊一路減少的過程，所幸學者們努力蒐集了一些也許不算完整的資料，仍可拼湊出日本黑熊在九州不同時代的樣貌。

首先介紹長期細心蒐集九州黑熊資訊的長崎大學土肥昭夫教授，其重現歷史上不同時期的黑熊紀錄。土肥教授蒐集的黑熊資料，從繩文時代貝塚與洞窟等日本黑熊出土狀況，一直到江戶、明治、大正、昭和（一九八九年為止）各等時代大量捕獲資訊統計。然後，日本大學研究員中村秀次以之製成九州黑熊歷史地圖，呈現不同時代的日本黑熊九州分布圖（製圖時使用的日本黑熊現蹤地點統計，不列入目擊與痕跡發現者）（圖4-1）[9]。雖

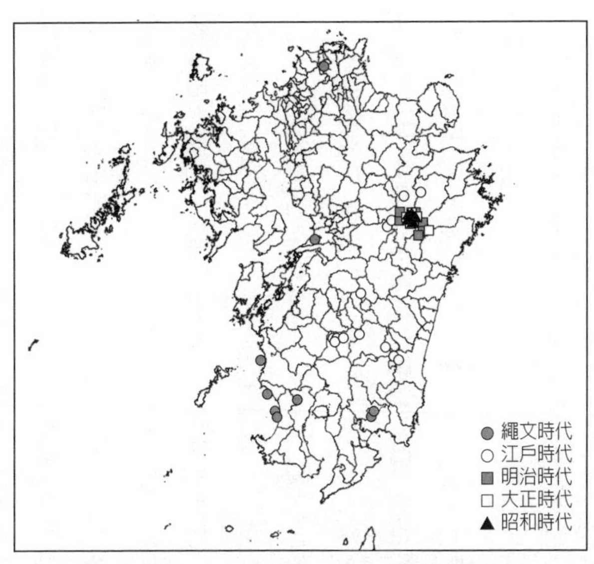

圖4-1 九州地區亞洲黑熊族群分布歷史變遷圖（引自日本熊類保育聯盟，2014）

然這張圖無法完整呈現歷史上日本黑熊曾出現在九州哪些地方與多少次，但至少可看出一項有趣的事實，那就是繩文時代前期（約一萬到七千年前）到後期（約七千到三千年前）之間，鹿兒島縣各地、福岡縣北九州市、熊本縣宇土市等地，可說整個九州從南到北都有黑熊出土骨骸。到了江戶時代分布區域明顯縮小，只剩下宮崎縣的宮崎市、綾町與海老野市，熊本縣水上村、大分縣豐後大野市與竹田市等局部範圍。黑熊九州分布範圍呈現愈來愈小的趨勢，到了明治、大正及至於昭和時代愈發明顯，特別是明治大正期間，更是急劇萎縮，幾乎全九州只剩下橫跨大分縣、宮崎縣與熊本縣的祖母傾山山脈及周邊小小範圍。

二十世紀初九州黑熊只剩下「最後生存堡壘」，其狀況和目前四國黑熊非常類似，就連祖母傾國定公園面積二百二十平方公里，也和四國劍山國定公園二百一十平方公里接近。當然，黑熊不會知道有個國定公園以及界線在哪裡，更何況國定公園不久前才成立，被侷限在這麼小範圍的四國黑熊族群，命運恐怕不樂觀。以日光足尾山衛星追蹤黑熊活動範圍研究為例，公熊覓食活動範圍不少於二百平方公里，秋季食物果實歉收時就連母熊也可能走這麼遠，就「孤立黑熊種群」這個關鍵詞來看，如此棲地面積確實太小。

然後，我們來看看江戶時代到昭和時代的九州日本黑熊捕獲紀錄。第一位系統化整理九州地區黑熊捕獲紀錄的，是九州著名登山家加藤數功，他於一九五〇年代撰寫《黑熊記事簿》[10]，蒐集江戶時代以來大分縣與宮崎縣兩地，所記錄到的祖母傾山脈日本黑熊捕獲報告合計三十七件（五十頭）。前述土肥昭夫與中村秀次的九州黑熊分布圖，也應用了加藤的研究成果。

加藤的研究報告指出，扣除資訊模糊之江戶時代捕獲的三頭之外，捕獲數量最多的是明治時代（二十七頭），大正與昭和時代則漸減。這本《黑熊記事簿》顯示，一九四一年十二月，於祖母傾山山脈笠松山夏克南山脊（宮崎縣側），當地岩戶村獵友會圍獵捕獲一頭約一百三十五公斤之公熊。這是紀錄上九州最後一頭狩獵捕獲之黑熊。然後一直到他撰寫《黑熊記事簿》的一九五八年爲止，十七年間雖未聽說有任何捕獲紀錄，但「當地應該還有日本黑熊」是在《黑熊記事簿》書中他對黑熊還在的期許。書末他寫道，「只可惜一直沒有專家學者研究這裡的黑熊」。確實，在那個關鍵時間點，應該需有人深入調查，探討這個問題並提出對策。

一九四一年捕獲公熊之後，九州最後一次黑熊紀錄是一九五七年傾山山麓發現一頭死亡幼熊[11]。正確發現地點無記載，但發現者爲宮崎縣日之影町居民，故推估應在附近。不過，官方紀錄只提到一頭動物屍體，後來正式調查報告記爲「腐屍一具」[3]。山區發現動物死屍常這樣結案，一九五七年疑似發生黑熊幼熊死亡案例，土肥昭夫教授並介入調查[2]，但結果未公布。或許該死屍並非幼熊，也有可能是貛。二戰之後大分縣與宮崎縣一直有疑似狩獵捕獲黑熊的案件，土肥參與調查並指出，那些都是民眾將貛誤認爲黑熊[2]。

如上述，仍有人認爲祖母傾山山脈最後一次發現日本黑熊是一九五七年，而不是一九四一年。之後唯一確認發現野生黑熊則是前述一九八七年的捕獲紀錄，只不過最後基因研究證實該黑熊非九州本地族群，而是本州西部以東族群（前述）。

可見，戰前黑熊就已經成爲九州的「傳說中野生動物」。倒是祖母傾山山脈地區民眾特殊狩獵風俗，捕捉黑熊屬禁忌，抓到黑熊都必須建「熊塚」（圖4-2），且將熊的頭骨埋入塚中。這是本州所無的民俗做法。另外，當地也有山豬與鹿的禁忌，獵殺千頭也須樹立「千匹塚」。可見當地人心目中黑熊地位不凡。

圖4-2 大分縣豐後大野市民眾樹立之熊塚（熊「權現」（顯靈）之民俗信仰）

加藤採訪當地居民「捕殺黑熊倒霉七代」之傳說[10]聽到一個故事，說一九三二年二月獵人來到宮崎縣本谷山時，捕殺躲在當地洞穴的一公一母黑熊，「該獵人被黑熊作祟得了百醫不治的怪病，在地上爬行如熊」。另外，雖不見於加藤所著《黑熊記事簿》，但在他出書的五〇年代，奧祖母傾山一帶有「殺熊一匹，償子一命」的驚悚民俗傳說，可見殺熊是非常要命的禁忌。當地殺熊禁忌還有遭遇熊而加以殺害，不可直接背回村落，而須先離開動刀現場之「不淨山谷」，將熊的屍體背到另一處山谷過夜，過程中以毛巾遮住熊臉。天亮後還得進行「熊乃權現」

（黑熊顯靈）儀式，並祭拜、撫慰熊的靈魂。然後恭請熊的靈魂告別山神，和獵人回到村落。當地民眾對這類民俗傳說深信不疑，就連前述一九八七年捕獲四歲黑熊的獵人，後來也是車禍死於非命。當地獵戶的說法是，該捕熊獵人未立「熊塚」慰靈而遭遇報應。獵戶們言之鑿鑿，顯示居民都深信此事。

前述九州在地黑熊研究者栗原智昭，其調查現存熊塚並探討這種做法的起源，發現「獵熊建熊塚」的風氣始於十九世紀初，半世紀後成爲當地民俗信念。殺熊者建熊塚之必要性並無理論基礎之文獻明確記載，推估可能是獵殺稀有大型野獸內心恐懼，而由此也可看出，十九世紀初九州黑熊數量應該已經明顯減少。

爲何日本黑熊在九州滅絕？

九州黑熊爲何那麼早滅絕？現在已經很難回溯完整過程並釐清原因。如前述，江戶時代九州黑熊數量已經很少，但當地民眾仍有捕捉黑熊之需求，才產生「立熊塚」這類「贖罪券」以求安心，其結果則是將九州黑熊進一步逼進絕境。

前述登山家加藤數功記載的三十七件捕熊紀錄，其中有十二件似乎是捕殺冬眠熊。可見獵人捕熊執著之深，非達目的絕不罷休。相傳九州黑熊獵戶團體之間世代祕傳熊冬眠穴地圖。捕熊主要是爲了取得珍貴熊膽。高千穗町鄉土文史工作者碓井哲也撰書指出，江戶時代豐前國宇佐（目前大分縣北部）本草學者兼醫師賀來飛霞，在其所著《高千穗採藥記・卷一》（一八四五年）之中提到，曾在旅店與某商人聊天，商人說之前在捕獲黑熊解體之現場，並以特別高價向獵人購買熊膽[12]。案例中的熊膽奇貨可居、價格昂貴。然重賞必有勇夫，獵人爭先恐後上山獵熊不難理解。即使民俗傳說「殺一熊死一子」非常恐怖，但利之所趨，獵人仍不願放棄捕熊。

但我仍好奇，是否可排除獵人因素，單純從黑熊生存空間受擠壓的角度切入，並找出黑熊族群數量減少的原因。九州黑熊棲地森林數百年來明顯縮小，不足以供應其所需食物。估計九州眾多山地江戶時代可能已大部分被納入生產活動空間，包括前述茅屋所需芒草、柴薪砍伐場、火耕所需山坡，伐採大片林地取得採礦礦場與製鐵工廠所需木材（坑道坑木、燃料）、陶瓷窯所需燃料木材等。歷史文獻也顯示，江戶時代以來九州山地森林全部面臨嚴苛的砍伐壓力。

然後就九州土壤來看，主要是火山噴發火山灰覆蓋形成的黑色火山土（火山灰土壤、暗色土，andosol）[13]。九州地區黑色火山土成土時間久遠且與人類活動關係密切，堪稱人工土壤[14]。其特徵爲含大量植物矽酸體（植矽體，phytolith），經人類定期火燒山形成草原景觀，最著名例子爲熊本縣阿蘇山大草原，其便是牛馬放牧場兼採茅場，經千年火燒山穩定其草原景觀。九州黑色火山土分布地區，很多形成類似阿蘇山大草原景觀，黑熊喜好的闊葉樹森林面積自然嚴重壓縮。

然後，有些產業使用大量木材。例如，九州黑熊最後的根據地祖母傾山山麓地帶，早期是尾平礦山所在地，從一五〇〇年代開業以來，豐前藩主與民間企業接力開採至一九五〇年代爲止，銀與錫產量頗大。當地聚集採礦人員等最多超過兩千人，盛況一時。可想而知一九五〇年之前祖母山山麓不會有什麼像樣森林。甚至可以推測，九州數百年來礦業領先全國，爲採礦等大量砍伐山坡森林恐難避免。

不只「量」減少，森林的「質」也不是有闊葉林即可，而是春季得抽發新芽，才能提供黑熊富含蛋白質且少纖維嫩葉作爲食物。亦即落葉闊葉林優於常綠闊葉林，因爲後者幾乎無法提供黑熊食物。

東京農工大學小池伸介教授調查一百五十年來的九州森林，發現夏綠樹木面積大小變化不大，但就黑熊所需森林資源量而言，明顯不足[15]。

由上述概況可知，九州黑熊生存環境先天不足後天失調，其森林覆蓋不足，很難支撐日本黑熊族群生存所需，又加上獵捕風氣盛行未歇，黑熊處境屋漏偏逢連夜雨，簡直岌岌可危。然而九州面積不大，又屬與外界隔絕之島嶼，無法由他處補充黑熊，不像本州即使邊緣地帶黑熊滅絕，只要中央脊梁山地族群數量保持完整，就有機會繁衍重新散播出去。正因如此會有上節所述的黑熊滅絕狀況，目前祖母傾山脈整體已恢復蓊鬱林相，闊葉林廣布，但卻不見任何黑熊，也無法由九州其他地方自然補充日本黑熊。

還是希望九州能有日本黑熊

前述，一九五八年登山家加藤數功先生感嘆學界無人研究黑熊保育。那麼，從一九五八年至今半個多世紀了，是否已有專家做過什麼樣的調查，或者媒體曾有什麼樣的報導？據我所知，九州各地幾十年來陸續都有傳出民眾目擊「黑熊」，或發現樹木爪痕等疑似黑熊出沒的狀況，但無任何一件能證實爲黑熊，也沒有九州產黑熊屍體之關鍵證據。

其中，熊本商科大學（現「熊本學園大學」）探險社，於一九七七年七月十五日到八月五日，連續實施二十二天在祖母傾山山脈探險調查黑熊。七月二十七日他們在日之影町立見谷上游（傾山與笠松山南側）發現兩個岩穴（深一百二十公分、寬二百三十公分）周邊有疑似黑熊足跡，於是以石膏將該足跡拓印保存[16]。活動結束後召開記者會，原本打算發表所拍攝「與黑熊有關」的相片，但最後評估證據性不足按下不表，上述「足跡」石膏拓印則交由京都大學渡邊弘之老師鑑定。鑑定報告指出「可能是日本黑熊前腳或後腳之足跡」。

然後一九七九到一九八〇年，又有廣島大學探險社前往祖母傾山脈本谷山，在該山峰南坡面布設四十處「誘熊油漆」。他們依據黑熊喜聞油漆類有機溶劑、跟著氣味跑的習性（參照第三章），在山區路標或林道樹幹噴漆，可惜結果並無任何熊類受氣味吸引接近的跡象【17】。

另外，前述一九八七年傾山捕獲一頭四歲公熊，後來證明該公熊為本州族群，應為盜獵者所移入，此事引起各方矚目，特別是學界針對該熊是否「在地」頗有爭論，地方政府感受到黑熊調查工作之重要性，紛紛投入經費展開黑熊調查。

首先是九州大學小野勇一教授，其率十數名成員之緊急調查團入山，於一九八七年十二月二十六日與二十七日共兩天，針對捕獲黑熊地點的周邊山區，進行痕跡踏勘。不過因為調查時間短暫，那一帶雖有些闊葉林出現爪痕、日本鐵杉被剝皮，但結論報告認為這些動物痕跡「無法確認為黑熊」【2】。

另一項政府部門實施的祖母傾山日本黑熊調查工作，是當時環境廳委託私人企業「野生動物管理事務所」於一九八八年起展開跨年度調查，針對笠松山到傾山一帶、中央山脈國見岳一帶，以及祝子川源頭一帶合計三個區域，實施熊類棲息相關資訊居民訪談調查。以下是該次調查工作中，其痕跡調查的部分。首先，三個地點合計投入一百〇二個人力，人員部署相當周密，筆者也參與局部工作。三組人馬忙了幾個月，只在傾山東北坡山茱萸樹幹發現幾年前的動物爪痕。爪痕間隔大小可推論成年公熊所爲，而之前一九八七年捕獲的公熊只有四歲、尚未成年，因此推估該山區可能棲息其他熊類，除此之外別無收獲。

時間又過了二十年，直到二〇一二年才又有日本熊類保育聯盟實施跨年度日本黑熊棲地族群調查。該調查工作起因是二〇一一年十月，有人祖母山縱走在池の原段目擊黑熊。目擊者爲三十幾歲的登山用品店女員工，因常去動物園故熟悉日本黑熊長相，應該不會誤認。該女性登山客表示當時山霧很重，黑熊四腳爬行、準備從她眼前的登山道橫切而過，中途察覺女登山客便瞬直立站起轉身一百八十度，再度橫切登山道往原先的方向走去。

接到這份報告，當年（二〇一一）十二月筆者立刻與一群日本熊類保育聯盟朋友前往祖母山縱走池の原段。因時序入冬，高山稜線略有積雪，沿途許多日本山毛櫸與粗齒櫟，應該很適合黑熊棲息（不過如前述，當地半山腰以下森林長期大量砍伐、覆蓋率不高，不利黑熊生存）。

後來日本熊類保育聯盟制定計畫展開調查，二〇一二年六月九日，進駐大分縣豐後大野市尾平之登山小屋，舉行尋熊計畫記者會。得到民眾關切、新聞熱度高，吸引大量媒體上山採訪，也有些記者全程跟隨，報導爲期兩天的初步踏勘。

此次日本熊類保育聯盟派出三十三名會員，加上帶路的一九八七年捕獲公熊之豐後大野市「長谷川獵友會」四人，大隊人馬針對祖母傾山各重要地點展開調查。隔天保育聯盟三十二人拆成九隊，針對獵友會所提供黑熊可能棲息地點、過去發現熊類痕跡地點以及登山道、林道周邊地點一一勘查，但可惜未能發現任何黑熊痕跡。依照筆者經驗，若在本州黑熊棲地如此大規模調查，一定會很快發現樹幹爪痕、黑熊剝樹皮痕跡與「熊棚」（黑熊爬樹上吃堅果時折樹枝堆成一處，形狀似棚）等黑熊生活痕跡，但可惜此次祖母傾山調查一無所獲。對此，長期在黑熊有滅絕之虞的四國劍山保護區，進行調查的四國自然史研究中心研究員山田孝樹表示，即使劍山保護區也不是那麼容易發現這三種典型黑熊活動痕跡，更何況熊類保育聯盟此次調查只進行兩天。

事實上當時一九八八年受內閣環境廳委託，並指揮調查團進入祖母傾山的野生動物保護管理事務所員工羽澄俊裕先生也有相同困惑[3]。當時他提到，調查過程中訪談該山區附近村落，村民皆表示不曾見過黑熊來採村子內外柿子與板栗，雖常有山豬掉進村外動物陷阱，卻從沒見過黑熊。且當地盛行養蜂，不曾有熊偷吃蜂巢事件。

二〇一二年夏季，日本熊類保育聯盟祖母傾山黑熊調查團，記取過去動員大批人力卻只能調查極有限地點的教訓，引進紅外線感測式自動攝影數位相機【18】，將其架設在黑熊可能經過的山脊等地點，並在相機陷阱旁邊的樹上懸掛能吸引黑熊靠近的保特瓶裝蜂蜜等配套措施。

隔年（二〇一三）接續實施的祖母傾山黑熊痕跡調查，同樣使用相機陷阱。該陷阱相機自二〇一二年六月啟用到十月爲止，四十三個地點合計攝影日數二千八百四十八天，接著從二〇一三年七月到十月二十一個地點合計攝影日數一千三百七十九天，兩年累計四十六處陷阱攝影日數達四千二百二十七天。這種紅外線相機會感測動物（熱源）而自動啟動快門，缺點是當感測到對象至啟動快門的過程中動物已離開。另外，相機會切換日夜感測模式，（夜間）紅外線感測拍攝黑白照片、白天則依據照度，亦即鏡頭每單位面積所接收光通量大小自動拍彩色相片，有時會誤判而曝光不足，造成照相失敗，但整體而言仍算成果豐碩。二〇一二年成功拍到一千一百一十五張，二〇一三年四百二十張相片，內容包括長鬃山羊、日本矮飛鼠（日本鼯鼠）、日本睡鼠（睡鼠科日本特有種）等罕見動物超過十二種，但很可惜唯獨不見日本黑熊身影。

日本熊類保育聯盟後來召開記者會發表兩年調查報告，指出調查結果顯示無法斷言九州（祖母傾山山脈）不存在日本黑熊，但即使有也一定非常少，密度非常低。

記者會新聞稿用語可說苦澀不甘心，但不可否認現行證據要證明九州有黑熊確實困難。

即使最樂觀的認定九州仍有日本黑熊，從二〇一三年算起頂多存活二十年，學術界就必須在這有限時間內發現牠們並妥善保育。但也有專家擔心，若眞的找到黑熊仍得做基因檢測，結果恐怕還是和一九八七年那樣，只是人工移入的外來族群。

九州地區日本黑熊的遺傳基因特徵

結束九州地區日本黑熊故事之前，也來談談棲息當地的日本黑熊特徵。前述，有些專家預測，今後即使九州發現黑熊，可能也過不了基因檢測這關，亦即可能還是人工移入的外來族群。那麼，九州產日本黑熊基因特徵爲何？這倒是考倒眾多專家的難題。原因是目前幾乎沒有確認九州產日本黑熊之標本，日本各地頂多只能找到零星且無法驗證眞實來源的疑似九州黑熊標本，因此無法確認九州產日本黑熊基因特徵。

一九八七年傾山捕獲的日本黑熊不算，目前可確認爲九州產日本黑熊的基因樣本只有一件，那就是保存在九州國立博物館、精確產地不明且年代超過八十年的標本。九州大學安河內彥教授曾取該樣本分析[19]，發現只是本州黑熊之「單倍型」（譯按：haplotype，單倍體基因型之簡稱，指基因在一條染色體上的組合，又稱為「單元型」，可由此預測「單倍群」，從而標示其數千年前的祖先來源），亦即基因顯示該標本為本州黑熊，而非九州黑熊。

因此，日本熊類保育聯盟於二〇一二年著手九州黑熊普查計畫，同步進行九州產日本黑熊標本基因分析。當時主要由負責樣本的筆者找尋標本與取樣，並由團隊成員日本大學伊藤哲治博士，邀請擁有早期骨樣本萃取基因優異技術之岐阜大學石黑直隆研究員參與。只是，樣本尋找工作與採樣一波三折，並不順利。

總計這個團隊只找到四份可做基因分析之樣本（標本），標本數量勉強及格，但品質不佳，多數年代久遠難以看出基因特徵。以下一一介紹四件標本特徵。

第一件是熊本市立博物館所藏頭骨與下顎，係一九七六年十一月，熊本商科大學短期大學部（二專。目前併入熊本學園大學）探險社在熊本縣八代村葉木（今「八代市」）京丈山洞窟（和奈八乃第一洞窟）所發現，和日本狼骨頭同一處的標本。熊本商科大學探險社正是前述一九七七年在傾山附近發現「黑熊足跡」並石膏拓印之社團，其所蒐集的標本等證據對九州黑熊研究助益甚大。其中，名古屋大學南雅代教授進行骨粉高分子膠質（明膠）年代測定發現，該熊骨存在的年分約爲西元前三百六十年～西元前一百七十二年之間，相當古老。這兩塊古代熊骨還發生有趣的故事，發現時該社團召開記者會，一九七七年二月十五日「熊本日日新聞」深入追蹤報導，所刊出之照片卻多出大腿骨與骨盤。研究人員調查，這兩份臨時蹦出來的熊骨，係當時千葉縣佐倉市國立歷史民俗博物館館員西本豐弘先生所有。於是西本先生捐出熊骨，一起保存在熊本市立博物館。

第二件是宮崎縣諸塚村教育委員會，其保管黑熊前肢製成的煙筒（煙草容器）。上面殘存的毛髮與皮膚都有細菌汙染，骨質部分經X光攝影確認爲熊骨無誤。然後，研究團隊委請動物標本製作專家使用特殊工具，在不傷害煙筒骨架的前提下取出其指骨（中節骨）。該黑熊係於諸塚村塚原地區捕獲，家代地區堀姓醫師加工前肢做成煙筒，時間據傳是江戸時代末期（江戸時代一六〇三～一八六七年）。堀氏也捐贈熊罤丸皮做的小袋給該委員會，推估與煙筒爲同一頭黑熊所製成。

第三件是大分縣豐後大野市江戸時代「庄屋」（村長）所建百年老宅，於一九五五年拆除屋樑上方時發現，與弓箭用繩子綁在一起的黑熊前肢。推估爲一八五〇年代捕獲，但爲何藏在屋樑上方原因不明。和弓箭綁在一起則可能是「除魔」。前述二〇一二年日本熊類保育聯盟調查祖母傾山山脈黑熊棲地，當地大分縣電視台（OBS）熱烈報導，民眾響應而將此標本送到電視台，並轉交黑熊保育聯盟。黑熊專家感到雀躍，或許民間仍有不少人收藏著九州黑熊標本。

第四件是目前國立科學博物館收藏的頭骨與下顎。這是加藤數功《黑熊記事簿》也有記載，一九三二年一月大分縣豐後大野市民工藤房太郎，在傾山Sengen谷洞穴捕獲的冬眠母熊（體重三十五貫，即一百三十一公斤）。就黑熊母熊而言體型有點大，可能是粗略估算而非實際過磅。不過，也有可能該黑熊是被移入的大陸種，故身軀較巨大。其頭骨原本掩埋於緒方町上帶迫岡的熊塚，加藤先生挖出後保存於民眾家中，後來才捐給國立科學博物館。

這些標本都是熊骨，團隊用鑽石鑽頭鑽孔到熊骨內部，取出無污染骨骼樣本，然後石黑先生運用獨門技術取其基因，但可惜多次嘗試仍無所獲。可能因爲長期掩埋潮溼地下，細菌等破壞其基因組織。總之，除了第四件無收獲之外，前三件標本合計成功讀取七百筆鹼基序列資訊，令人振奮。

經過辛苦努力，終於由熊本市立博物館館藏京丈山洞窟黑熊頭骨，與諸塚村教育委員會所藏熊前肢所製成煙筒樣本，建立了九州黑熊可能特有之單倍型（單倍體基因型）基因庫。至於前述第三件豐後大野民宅屋樑上方之標本，經單倍型證實爲日本中國地方西部黑熊族群。總之，前兩件標本所取得基因定序資料，已足夠認定九州之日本黑熊種族地域特殊性，當地若再度發現黑熊，即可作爲判斷其族群來源根據。此次調查研究計畫最令人欣慰的莫過於，至少確認九州曾棲息日本黑熊族群，至於詳細成果仍有待伊藤博士彙整、發表調查報告論文。

當然，我們仍期待能找到更多九州產日本黑熊標本，而幸運的是，前不久某古生物學者在熊本縣其他洞窟發現日本黑熊骨骸，後續分析研究成果令人期待。

2 四國的黑熊

介紹了環境省宣布已滅絕的九州黑熊之後，接著探討處境艱難、也有滅絕之虞的四國黑熊。和前述科學研究介入前即已滅絕的九州黑熊不同，四國黑熊仍少量存在，勉強維持族群存續。四國地區日本黑熊減少的原因、目前分布範圍以及剩下多少頭，都已有相當完整的掌握，但即使科技發達、黑熊研究紮實，若不能以適當方法積極保育，四國黑熊仍前途彌艱。具體可行的保育對策爲何，第五章將深入探討，在此先說明四國黑熊的現況。

四國黑熊減少的原因

森林總合研究所北海道分所佐藤重穗研究員，其彙整過去四國地區的狩獵統計與鳥獸統計，製作一九三〇年之後每十年的黑熊捕獲〔狩獵＋有害捕獲（早期稱爲「驅除」）〕數量圖表[20]（圖4-3），指出一九四〇年代可能受戰亂影響，捕獲數量劇減到少於十頭，五〇年代不知何故仍只有十幾頭。與此相比，戰前一九三〇年代乃至於一九六〇年代以及一九七〇年代，每年捕獲數量都達三十～六十頭。以十年爲單位進行統計有個好處，那就是相對於以年爲統計單位可能某年數字爲零，會給人黑熊不存在的錯覺。十年爲單位的統計可看出黑熊族群幾十年的長期增減趨勢，以推估捕獲數量背後的黑熊族群數量。在此特別值得注意的

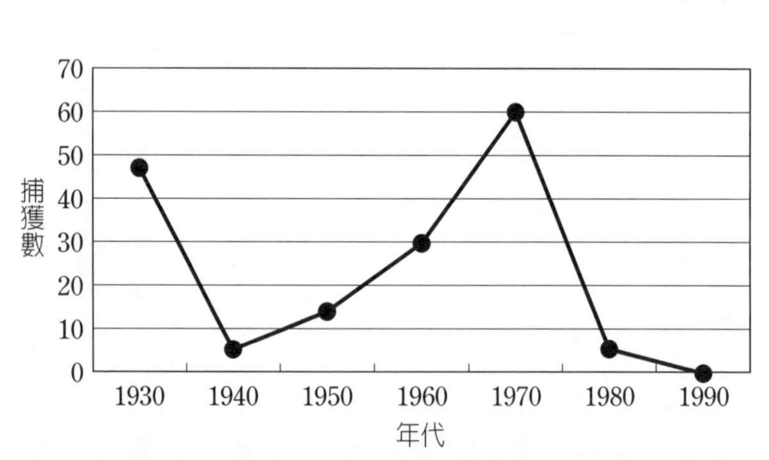

圖4-3　四國四個縣亞洲黑熊年度別捕獲數變化（引自2016年佐藤）。係由四國地區1930年代以來狩獵統計與鳥獸統計彙整而成（1943～1945無資料）。

是，一九八〇年代之後捕獲數量連續兩個十年降到個位數甚至是零。詳細狀況是，一九八〇年代只捕獲兩頭，分別是於一九八五年四萬十川上游高知縣葉山村捕獲一頭、一九八六年劍山山脈高知縣物部村捕獲成年母熊一頭，這兩頭分別是該二山村最後的黑熊捕獲案例。然後，一九九〇年代捕獲數掛零，原因是高知縣一九八六年起禁止獵熊，德島縣也在一九八七年跟進，希望能保護殘存黑熊。

從圖4-3四國黑熊捕獲數量統計表無法看出具體捕獲地點，但若搭配前述環境町一九七八年四國黑熊分布圖，可看出四萬十川上游曾有黑熊分布。亦即，劍山山脈之外四萬十川上游一帶，早期應該也能捕獲黑熊。

倒是，四國最高峰愛媛縣與高知縣交界的石鎚山一帶，十分適合黑熊棲息，但西條自然學校理事長山本貴仁先生指出，紀錄上捕獲黑熊的時間停留在一九二八年，地點是當地的中奧山村【21】，目前當地黑熊可能已絕跡。不過，離西鎚山西邊有點距離的中山町杉浦，於一九七二年捕獲一頭母熊，但捕獲報告簡略，未說明黑熊來自哪個山區，也有可能來自石鎚山一帶，那就代表一九二八年之後當地仍有黑熊。另外，愛媛縣於一九三七年、一九五四年與一九五九年同樣有捕獲紀錄，但資料上都未提到詳細地點，這部分有必要詳查。

話說回來，一九三〇年代、一九六〇年代、一九七〇年代捕獲數量相當大，至一九八〇年代爲何驟降？由上述統計顯示，大多在德島縣境內捕獲，且年代別捕獲量高低差異相當大，主要原因可能是地方政府是否獎勵捕獲「害獸」黑熊。二〇〇二年成立、總部設在高知縣的四國自然史科學研究中心，致力於日本黑熊保育基礎研究，其所保存資料顯示一九三〇年代德島縣政府曾懸賞捕捉黑熊，因此捕獲量非常大。戰後爲了經濟復興，一九六〇年代中央政府實施山地造林（種植杉木與檜木），並連續十幾年獎勵民眾捕捉黑熊。日本黑熊研究所研究員米田一彥先生指出，一九三〇年代捕獲一頭黑熊獎金五十日元（當時米一升四十錢即0.4元。低階公務員月薪約三十元）；一九六〇年代獎金則是一頭三十～五十萬日元，相對於低階公務員月薪五萬日元左右，報酬驚人[22]。抓一頭黑熊等於上班一年，鼓舞民眾蜂擁入山，而山上僅存的黑熊眼看就要被肅清殆盡。

爲何當時有「黑熊除之而後快」的社會氛圍？詳細原因前面已有說明，簡單來說民眾認爲黑熊危害經濟造林。如前述，一九六〇年代經濟快速成長，政府大量人工造林，而黑熊有剝杉木等樹皮的習性，成爲民眾眼中的「害獸」。但問題是一九六〇年到一九七〇年大量捕熊時人工林才剛栽種、樹圍很小，而黑熊剝樹皮對象是採伐期齡大徑杉木。至於一九三〇年政府懸賞捕熊是否也與熊剝樹皮、危害林業有關？四國自古以來林業發達，但傳統伐木業似乎不認爲熊剝樹皮是嚴重問題，而且黑熊不會主動攻擊人類。因此合理推測是，一九三〇年代地方政府獎勵捕熊，其目的不是抑制黑熊繁殖過量，很可能是希望使之滅絕。

本章無法深入討論這個政府的政策問題，但筆者想指出一點，那就是黑熊保育，特別是要讓四國這種存活艱難區域的黑熊族群有所成長，就必須解決黑熊數量增加後，隨之而來的人熊衝突問題，亦即要能有效管理黑熊，並讓棲地周邊民眾了解黑熊、接納黑熊。如果一九三〇年代和一九六〇年代官方滅熊旨在「排除黑熊、避免人熊衝突」，今後黑熊保育首要工作就是爭取黑熊棲地周邊民眾認同黑熊。這當然無法一蹴可幾，而是必須長期努力才能達成。

話說回來，四國地區二十世紀捕獲統計顯示，一九三〇年代開始推動，於一九六〇年代擴大造林期達顛峰的政府捕熊獎勵，給予原已陷入存亡危機的四萬十川上游，及其他補丁狀零星分布的黑熊族群致命一擊，結果進入二十一世紀後，四國只剩劍山山脈殘存黑熊。

接下來探討四國地區日本黑熊分布的歷史變化。雖然不像九州那樣幾乎沒有像樣的分布調查歷史紀錄，但也是殘缺不全。四國自然史科學研究中心岡藤藏研究員，找到一份一九四〇年的「四國地區黑熊族群分布概況」圖表【23】（圖4-4）。該圖堪稱簡略，但仍可看出當時四國地區仍至少有三個主要黑熊族群分布，也就是（A）目前仍有日本黑熊的劍山山脈一帶，以及黑熊已然失去蹤影的（B）四萬十川上游地區，與（C）石鎚山脈一帶。有趣的是，細看本圖會發現，上述（A）、（B）主要黑熊族群分布區南方，分別有較小的（a、b）黑熊零星分布，只是標示簡略，無法精確標示出（a、b）的區域位置。

從上述一九四〇年的黑熊分布簡圖來看，當時四國地區黑熊分布已經東一小塊、西一小塊彼此孤立，離連成一片很遠。在此狀況下政府推出捕熊鼓勵措施，

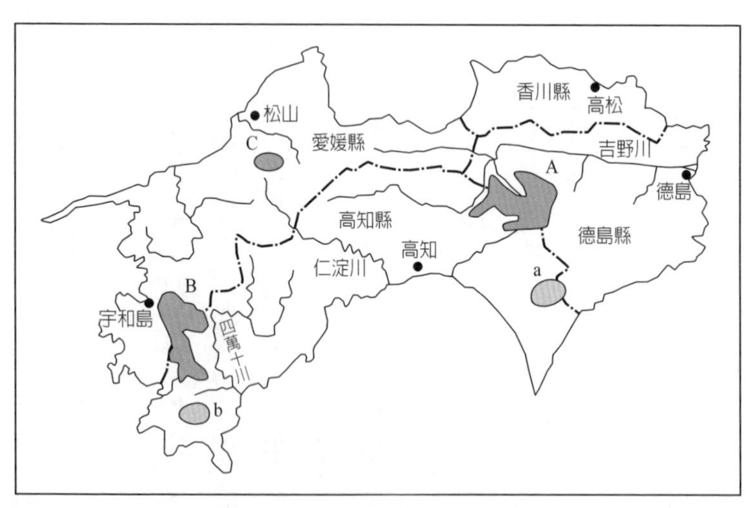

圖4-4　1940年代四國地區亞洲黑熊族群分布概況圖（引自岡，1940）

使原本已形同孤島的黑熊族群棲地，再次面臨嚴重滅群危機。

在此有一份古代文獻值得注目，前述山本貴仁先生找到一八四二年日野暖太郎和尚寫的《西條誌》，其中有些章節提到黑熊[21]，「熊於此山、東之川山等深山被捕獲，而不在淺山。獵人有時一年捕獲兩、三頭，有時三年捕獲一頭，有時五年一頭，也有聽說七、八年才捕獲一頭。另有獵人說，一生不曾見過一頭。亦即，黑熊非尋常可見。」由此段文字可知，一八〇〇年代中期四國得入深山才能看到黑熊，甚至有些獵人一生不曾見過黑熊，顯示當時四國黑熊數目已極爲有限，很像前節介紹的江戶時代九州黑熊狀況。亦即江戶時代四國和九州一樣森林遭大量砍伐，黑熊棲地因此被破壞。

四國森林江戶時代就已嚴重砍伐，除了和全日本各地一樣蓬勃發展的礦山與製鐵業，其需大量木材作爲燃料之外，還有許多林地被燒山火耕，有的成爲採茅場，再加上建材所需樹木等，原始森林所剩無幾。然後又有些地方政府開始人工造林，適合黑熊生存的森林幾乎喪失殆盡，一九四〇年代四國黑熊棲地，亦即夏綠樹林帶很可能只剩下前述劍山山脈、四萬十川上游以及石鎚山高海拔地區。當然，山麓主要分布照葉樹（闊葉樹），夏綠林（針葉樹等冬季會落葉樹種）則分布海拔大於一千公尺的高山。換句話說，一九四〇年代四國黑熊族群幾個分布點都侷限於高山地帶，這種情況和之前不久的九州黑熊分布非常相似。

總之，四國地區黑熊大體上於江戶時代以來持續被迫往高山遷移，加上一九三〇年代起政府獎勵捕熊，其處境更是艱難。因爲分布如補丁、零散化，一旦族群數量降低也無法由外部補充，孤島黑熊滅絕危機嚴重，和之前九州黑熊如出一轍。

四國日本黑熊現況

了解劍山山脈苟延殘喘的日本黑熊族群現況，是當前四國黑熊保育的首要工作。當然，這是因爲劍山山脈之外，四國地區應該已不存在黑熊族群。

以下整理這些年來，四國地區之日本黑熊保育工作經緯。前述，四國地方政府開始推動黑熊保育始於八〇年代，高知縣與德島縣相繼於一九八六、一九八七年公告禁獵黑熊。然後，一九九一年內閣環境省將四國地區日本黑熊列入瀕危物種紅色名錄（生態紅皮書），一九九四年四國境內四個縣全部禁獵。除中央政府之外，地方政府也紛紛加強保育對策，德島縣二〇〇一年，高知縣二〇〇三年，愛媛縣二〇〇四年，相繼推出縣版紅皮書名錄，日本黑熊都榜上有名。

具體保育政策推動方面，一九八九年成立劍山山脈鳥獸保育區，面積從原來國定公園的三千二百八十六公頃擴大爲一萬〇一百三十九公頃，二〇〇九年進一步擴大面積爲一萬一千八百一十七公頃。

要了解實況才能有效保育，德島縣一九九三年首度實施黑熊行動追蹤調查。日本黑熊研究所研究員米田一彥，於劍山山區布設十四個捕熊陷阱，很快捉到一頭母熊，隔年一九九四年成功捕獲兩頭公熊，實施無線電發報器繫掛追蹤。一九九五年高知縣也開始推動日本黑熊棲地生態調查。然後到二〇〇一年環境廳升格環境省，隔年該省所屬「四國地方環境辦公室」開始實施黑熊捕獲調查、相機陷阱調查與毛髮陷阱調查。二〇〇三年環境省林野廳，爲讓四國各山區孤立的黑熊族群間棲地能相連，布設「四國山區綠色走廊」，並展開一系列的監測工作。

前述，四國自然史科學研究中心，也於二〇〇二年到二〇〇三年，由金澤文吾研究員團隊，進行以相機陷阱調查爲主的自主調查[24]，由胸前白色斑紋形狀確認拍到四頭，且其中有亞成獸（亞成體），這是令人振奮的好消息。此地黑熊族群瀕臨滅絕，幼年期個體存在即代表該黑熊族群能自我繁衍，應不致於滅絕。

四國自然史科學研究中心進一步於二〇〇五年至二〇一五年聯手WWF日本（世界自然保育基金會日本分會），實施長期的遠距監測調查研究，希望深入掌握四國地區日本黑熊生態。

綜合相關公私部門研究成果，希望更清楚描繪劍山山脈日本黑熊族群的生態輪廓，其中最受矚目的，當然是劍山山脈一帶殘存的日本黑熊族群數量多寡。但很可惜，即使用各種方法實施調查，包括以胸紋個體辨識的相機陷阱法、無線電發報器繫掛追蹤，以及用毛髮陷阱取得黑熊毛髮進行基因分析等，終究還是無法清楚了解黑熊有幾頭。其中最大的遺憾是，受限於預算與人力不足，上述研究調查計畫只能完成較高海拔之劍山山脈鳥獸保育區部分，卻沒辦法調查保育區之外的中海拔山腰、山麓區塊是否也存在日本黑熊。

目前一般認爲，劍山保育區黑熊總數最多不會高於三十頭。若照德島縣與高知縣所公布的瀕危物種紅色名錄來推估，加起來更是只有十四~二十一頭。不論採何種算法，四國地區黑熊恐怕前途維艱，甚至岌岌可危。學術上野生動物族群能存活的最低族群數目標爲「最小存活可能族群數」（MVP，Minimum Viable Population Size）。以棕熊爲例，估計一百年後要能以95%機率維持族群存活，須確保有一百頭之數量。按此標準，目前四國黑熊數量離安全數目還有一段距離，族群未來命運堪憂。

若仔細進行族群數推估，四國自然史科學研究中心公布到目前爲止，能識別、確認的黑熊數量爲十四~十五頭。這個數字是十年間以監測等方法識別出的總合數量，事實上其中有些說不定已死亡。經學術捕獲的黑熊會進行拔齒測定年齡，總計確認了十頭黑熊的年齡[25]。這十頭之中只有三頭小於十歲，十五～二十歲的有五頭、占50%。問題是一般數量足夠的黑熊族群，成員大多十歲以下，十歲以上壯齡熊只占少數，年齡愈高則愈少、呈金字塔狀分布。筆者長期研究、實施學術捕獲的日光足尾山區與奧多摩山區亦不例外。以黑熊平均壽命二十歲估算，四國地區這十頭野放黑熊，在未來十年至少有一半，亦即會有五頭凋零。

客觀來看，四國黑熊推估數量與年齡分布，確實極不樂觀，只能期許上述學術研究未覆蓋到的劍山保育區，其周邊地帶仍有黑熊存在，讓族群總數多一些。但這畢竟只是樂觀期待，實際上還是只能假定四國黑熊棲地只剩下劍山山脈高海拔區塊，且族群數量也少的可憐。目前四國地區黑熊數量之少，實際上已經和名列IUCN瀕危物種紅皮書的「戈壁棕熊」（適應砂漠生活、生活型態與體型皆特殊、體積較小的棕熊亞種）差不多。戈壁棕熊目前已經展開國際性的復育計畫，包括改善棕熊覓食環境、劃設保護區，並在保護區外打造適合戈壁棕熊的生存環境等。

要進行四國黑熊繁殖促進工作，必須先確認亞成獸有幾頭，如前述目前只掌握到三頭。四國自然史科學研究中心山田孝樹研究團隊指出，由學術捕獲所掌握的黑熊個體資料，以及用相機監測影像發現有母子熊等資料來看，劍山山脈黑熊推估每二～三年會有一頭母熊繁殖（生出幼獸）[26]。這樣的繁殖速度明顯不足以擴大種族數目，頂多勉強維繫族群不滅而已。因此，當務之急是實施更多調查研究，了解保護區是否有更多亞成獸黑熊，並掌握其分布地點、追蹤行動軌跡。通常為了避免公亞成獸與母親近親相姦，會把公亞成獸趕離出生地一段距離，母亞成獸則留在原地亦即母親身旁。故劍山保育區之日本黑熊公亞成獸也得遠離出棲地，但問題是保育區面積有限，單單劍山山脈高海拔面積，恐難符合野生動物這種公亞成獸離親生活模式之需求。另外，日本黑熊公亞成獸離親生活模式之實際狀況如何，相當難以深入了解。之前本州地區許多學者投入離親生活模式與幼年期黑熊生存率研究，至今未取得足夠有效數據。原因之一是幼年期黑熊身體快速長大，不易長達數年繫掛無線電追蹤發報器。

至於殘存的黑熊其棲地環境狀況如何？過去學界習慣使用無線電發報器追蹤，最近則有山田孝樹團隊引進GPS衛星定位追蹤裝置，來推動劍山保育區黑熊監測計畫。該計畫目前尚未結案、彙整資料並公布成果，但過程中已確認四頭母熊，其兩年內的活動範圍介於81.6平方公里到164.3平方公里之間[27]，可見GPS衛星定位追蹤系統監測之精準。就一般母熊的活動範圍而言，這四頭母熊的活動力可說偏大。

另外，山田團隊以模型化方式分析劍山保育區黑熊之環境選擇性，發現保育區域內的黑熊偏好待在其高海拔地帶。與此同步實施的各種樹木堅果結果量調查則顯示，當地日本黑熊喜好日本山毛櫸果實，但更愛粗齒櫟果實[26]。這些研究成果讓我們更清楚掌握保育區黑熊族群繁殖母體，亦即母熊之生活型態。目前持續累積中的調查研究數據，雖很多都只是片段或瞬間影像，但對於今後如何協助劍山保育區日本黑熊族群正常存活，仍有很大的幫助。

黑熊活動範圍大小的調查研究有何意義？首先，二〇〇九年擴編後的劍山鳥獸保育區，其面積約一萬一千八百一十七公頃，亦即一百一十八平方公里，而前述母熊活動範圍之高標範圍超過這個地區大小，代表有時母熊也得跑到保育區外覓食，畢竟保育區外可能有牠們的食物資源。但問題是，如果我們希望黑熊離開保育區到外面也能安全覓食，就應該儘量讓江戶時代過度開發的劍山山脈周邊中海拔森林復舊，而若要恢復到能作爲黑熊棲地，則須調查這個區塊能提供黑熊多少食物與越冬環境。然後還有個問題，一旦黑熊族群恢復足夠數目必將往外移動，恐怕又要發生人熊衝突問題。總之，這是個兩難問題，研究數據顯示，未雨綢繆、眼前急須完成的工作是擴編劍山鳥獸保育區。

本章概要說明一般認爲在九州已絕跡的日本黑熊歷史狀況，以及目前族群遭遇危機的四國黑熊處境，至於如何保育，這部分得另章詳細討論，在此可簡單指出保育工作之基礎認識，那就是江戶時代以來，民眾為了經濟等原因高強度砍伐森林，長期不斷侵蝕了日本黑熊賴以棲息的森林。黑熊因生存環境品質嚴重下降，導致族群數量不斷減少。除此之外，人為獵捕也是九州與四國地區日本黑熊滅絕或瀕危的重要因素。九州與四國都是面積有限之島嶼，這意味著黑熊族群數量一旦減少或瀕臨滅絕，無法自然地由外地黑熊進入補充。雖然這幾年本州地區日本黑熊族群分布範圍與數量持續增加，但不可諱言眼前的九州與四國黑熊，已經因為民眾過去長期缺乏保育觀念而滅絕或身陷險境，只要保育工作沒做好，同樣狀況難保不會發生在本州。畢竟和野鹿、山豬相比起來，野生日本黑熊是更脆弱、更需要保育與管理。

第五章

黑熊保育與管理之嘗試

第一到第四章概略探討目前日本黑熊之生態特徵、處境，以及其所引起或遭遇的各種問題乃至於解決對策。本章旨在探討如何改進黑熊管理與保育工作，尋找可行性做法並介紹一些縣市的具體案例。

1 非捕殺管理模式的嘗試

政府部門過去針對造成農損與人員傷害、或可能產生危害之黑熊，幾乎都認爲有害捕獲（捕殺）是唯一的有效對策。但其實並非「過去」，即使是現在，某些地方政府面對黑熊問題時仍只知捕殺。他們架設陷阱捕獲黑熊，然後予以槍殺，這種處理方法簡單且容易被居民接受。

但事實上，除非黑熊造成農損或人員傷害太嚴重，否則人與黑熊發生衝突，民眾也一定有須改進之處。比如，社區亂丟廚餘或果皮殘渣等，容易引誘黑熊靠近。而且重點是，爲何熊會靠近社區，以及如何確定造成問題的熊是哪頭？在決定捕捉之前，是否應做更周延的綜合判斷？

加拿大與美國某些州也有美洲黑熊、棕熊、北極熊等管理問題，然而當地政府一九七〇年代即堅持非致死性管理（non-lethal control）原則，實施「嫌惡制約」（aversive conditioning，驅避）之野放措施〔譯註：即野化訓練（rehabilitation）〕。嫌惡制約野放之方法陸續開發，包含噴辣椒噴霧、以專業訓練犬追趕黑熊、放鞭炮或射擊橡膠子彈等。另外，也有搭配使用嫌惡制約或單獨實施拖車式陷阱捕獲法，如麻醉後以直升機直接吊送至深遠山區，稱爲「移地野放」（relocation），此做法在日本稱爲「深山野放」，詳見後述。

北極熊野放案例方面，加拿大曼尼托巴省於一九八〇年起持續進行實驗。他們捕獲闖入民眾生活空間的熊，關在專用收容設施（俗稱「北極熊監獄」）最少三十天，期間只給水與雪，期滿後實施野放。這方法讓「入監」的北極熊「嫌惡學習」，養成避免靠近人類生活空間的習慣，成效卓著。附帶一提，這項方法只適用於孤熊，母子熊則立即麻醉後野放。原因是，若三十天不給食物會影響幼熊健康。

上述方法都是野生熊類管理方法之一。當然，加拿大政府部門仍保留捕殺「問題熊」的選項。如何處理闖入民眾生活空間的熊類，加拿大各省步調不一，許多省分的做法是，若野放之熊類再度回到捕獲地點時，處理原則可從非致死性對應改爲致死性對應（捕殺）。不過，問題熊的處理基準通常會考量該種類熊在當地是否稀少，以及執行對策之成本效益。

嫌惡制約與野放效果方面，各國已累積非常多研究成果。基本上，採用非致死性對應得先麻醉與移動搬運等，耗費較多資金與勞力，成本效益低。IUCN黑熊專家委員會主席大衛・賈瑟里斯（David L. Garshelis）先生，其任職的明尼蘇達州自然資源局（Minnesota Department of Natural Resources），對美洲黑熊管理原則爲不野放。理由是過去野放美洲黑熊，只有少數停留在野放地點附近，大部分仍會回到造成問題之地點，或在其他民眾生活空間引起相同問題。研究發現，只要養成可能危害人類之習慣，這類問題熊便非常難以矯正。因此美國熊類管理部門有句著名標語"The best way to avoid bear problems is to not attract them in the first place"（避免產生問題熊的最佳方法，是一開始就避免吸引熊靠近人類），堪稱中的之言。

當然，明尼蘇達州放棄野放，可能也是因爲當地有推估全球數量最多的美洲黑熊，推估成年熊達八十五萬頭到九十五萬頭之間[1]。與此相比，日本黑熊推估約只有一萬三千～三萬頭，少超過一個「零」。附帶一提，必須注意明尼蘇達州美洲黑熊管理辦法規定，須在嘗試各種非捕殺對策後無效，且推估該問題熊可能造成人類或其財產更嚴重傷害時，才能捕殺。亦即，雖不野放，但不代表該州已放棄非捕殺對策。

日本的「野化訓練」（rehabilitation）

日本首度野化訓練係由日本黑熊研究所米田一彥教授完成。米田先生是日本黑熊管理先驅，做了各式各樣的嘗試。一九八二年，他在秋田縣針對兩頭黑熊進行實驗性的嫌惡制約學習後野放至深山，是日本深山野放嚆矢。之後一九九〇年他在廣島縣爲主的中國地方（本州西部與九州之間的鳥取、島根、岡山、廣島、山口等五縣）調查，並於一九九一年正式推廣深山野放。多山區的廣島縣，幾乎每個市町村都請米田先生以這種非致死性方法野放黑熊。至於成效如何，據統計報告指出，米田先生實施一百五十六次深山野放黑熊，追蹤結果顯示這些黑熊只造成三起輕微人熊衝突事件。不過，仍有深山野放黑熊回到人類生活空間周邊附近[2]。野化訓練的效果，次項還會再進一步討論。

一九八九年，在米田先生正式推動廣島縣黑熊野化訓練前不久，宇都宮大學小金澤正昭教授，於栃木縣日光市戰場原，實施有害捕獲黑熊之噴辣椒噴霧等嫌惡制約實驗。做法是麻醉前與野放前，對成年公熊噴辣椒噴霧、實施嫌惡制約，然後吊掛至深山野放，再以無線電追蹤。與此同時，在該熊先前徘徊的養蜂場四周，以圓弧狀地噴灑辣椒水。結果發現，這頭經實施嫌惡制約與深山野放的公熊，後來二度再回到養蜂場附近，但都靠近到一定距離就折返，因此未再傳出災情[3]。

話題回到中國地方。一九九〇年代開始進行野化訓練的黎明期，廣島縣戸河內町（現爲安藝太田町）也有町公所員工栗栖浩司熱心進行黑熊野化訓練。從一九九一～二〇〇〇年這十年間，他們針對該町所有害捕獲二十一頭黑熊之中的十四頭，來實施野化訓練。當時該町設定的原則是，只要這些問題熊連續兩次回到造成人熊衝突的現場，就予以捕殺。該町實施野化訓練的十四頭黑熊，半數進行無線電追蹤，後來這項實驗詳細效果未公開，但大體上顯示，即使有黑熊回到之前被捕地點的附近，仍很少再度造成人熊衝突[4]。

一九九〇年代之後，日本各地開始實施野化訓練對策，以下介紹其中幾個案例。

在日本爲黑熊管理先驅的兵庫縣，從一九九二年起實施狩獵管控，與狩獵團體協調，降低狩獵次數。一九九六年起進一步禁獵，並於二〇〇三年開始執行黑熊保育管理計畫。該計畫設定黑熊的出沒對應基準，當全縣黑熊數目少於四百頭時，只針對反覆出沒者有害捕獲，第一次捕獲者實施野化訓練。當然，若持續徘徊聚落、對民眾安全造成嚴重威脅的黑熊則不在此限。有害捕獲時可予以射殺。

岩手縣也於二〇〇三年起策定黑熊保育管理計畫，其捕獲之原則為，若黑熊對人類或農畜產物具危害潛勢，對應方法為原則上予以趕跑。此外，即使捕獲黑熊，只要當地居民能諒解、且野放目標區域條件許可，加上捕獲之黑熊身體健康可野放，仍應儘量採野放。

長野縣一九九五年策定該縣黑熊保育管理計畫，二〇〇一年起配合「鳥獸保護法」規定修改計畫，其黑熊個體數目管理的基本方針，首先是設定捕獲上限，針對不怕人類的黑熊，以及執著於攝食農作物或危害造林樹之黑熊，選擇性地予以捕殺，除此之外的儘量野放。

依據長野縣上述方針，任職信州大學的泉山茂之，其非常忙碌地在長野縣內廣闊山林東奔西走，以半志工性質地進行有害捕獲黑熊，與誤入山豬陷阱被捕黑熊之野放作業。由於工作量實在太大，無法一一實施嫌惡制約，但基本上都進行了正確的深山野放，透過麻醉不動後立刻深山野放的黑熊，連續幾年超過三位數。最繁忙的時期，有時得一日野放數頭，其忙碌堪稱超人。本案例顯示，只要一個縣市確保有一位具行動力的專家，黑熊管理工作就能有效推動。然而眼前事實不可否認，泉山先生承受過大負擔，有必要改善其工作體制。雖然只有一個人，泉山先生仍在部分野放黑熊身上裝置衛星遙測系統感測器，進行非常有價值的研究。

有具備超強執行力與意志之計畫負責人，當然值得政府部門慶幸；但若無足以支援執行人員的系統與制度，一旦執行人員離職，當地政府的黑熊對策就可能放棄野放選項，或者若野放後黑熊反覆造成相同問題、且無人能清楚向當地居民說明狀況原由，就可能引起居民反對聲浪，使野放作業難以為繼。不可否認地，黑熊野放在日本其實仍如履薄冰，有太多須克服之問題。

野化訓練之課題

許多民眾對「野化訓練」的疑問是，如此大費周章進行野化訓練，是否眞有效果？平心而論，野放效果評估本身就是相當困難的工作，不只執行野化訓練耗費大量勞力與經費，後續效果測定之個體追蹤，常須投資比野放作業更大的費用。

以下介紹兵庫縣森林動物研究中心，於二〇〇三年～二〇〇七年，連續五年進行的黑熊保育管理計畫，其中也包含完成野化訓練之黑熊後續監測。總計五年的計畫執行期間，捕獲一百二十一頭黑熊，其中有一百〇四頭實施野化訓練。野放黑熊之中有四十四頭裝設遙測感應機材，並進行追蹤。結果發現，以衛星追蹤的四十四頭黑熊之中，有三十三頭不再出沒在社區附近，判斷野化訓練發揮了正面效果。此外，野放的一百〇四頭黑熊，有八頭再度造成人身事故的危險性，故予以捕殺，另有七頭再度造成民眾身體或財產損害而捕殺，合計捕殺數目只有十五頭[5]。

當然，今後仍須持續評估野化訓練效果，但到目前爲止投入的人力與資金看起來並非白費。只是如後述，野化訓練就定位而言屬對症療法，有關單位都有配套措施，排除引誘黑熊靠近人類生活空間之物質，或實施架設電網等物理性防除工作。因此，若要確認野化訓練效果，有必要排除其他配套措施，只實施野化訓練效果驗證。話說回來，許多做黑熊野放的單位採取架設電網等配套措施，乃是因爲許多報告顯示，野放後的黑熊有相當高比例會回到之前被捕獲的地點。

以下介紹兩種實施野化訓練時須注意的課題，亦即如何選定野放地點，以及如何建置「黑熊無痛捕獲陷阱」。

選定野放地點一向是令人頭痛的問題。原因在於，日本行政區域劃分成市町村（鄉鎮市），其個別面積都很小，捕獲後實施野放，現實上幾乎沒有更「深山」的地方可選擇。按理說應由上級單位都道府縣協調，讓捕獲之黑熊跨越市町村邊界野放。但問題是，各縣市現行法規規定，黑熊有害捕獲許可之申請，須由市町村單位核可，在此情況下，幾乎沒有市町村希望其他市町村捕獲之黑熊送到自己區域內野放。前述廣島縣戶河內町栗栖先生半開玩笑、半想像地提到，他們有評估以每頭五百萬日圓爲代價，接受鄰近地方政府野放黑熊。他偷偷地說，即使如此這項提案恐怕也無法取得町民許可。附帶一提，欲將捕獲之黑熊移到林野町所管理的國有林野放，通常也會以造成國有林工作人員安全疑慮爲由，而遭到拒絕。

曾於第三章介紹過，位於東京都奧多摩町的森林放牧場，其圍籬相繼被黑熊破壞、闖入而造成嚴重食害案例。當時奧多摩町相關負責人與我研究如何進行「食害黑熊」野化訓練。當時已經遭有害捕獲的黑熊好幾頭，但我們估計附近可能還有。我們當然希望儘量避免捕殺，但問題是，已捕獲之黑熊該野放何處？即使同樣是奧多摩町，黑熊野放到與捕獲地之外的村落，還是會惹當地居民抗議。要不然野放咫尺之隔的山梨縣？這當然也是無稽之談。討論了半天，最後結論是對那些黑熊噴灑辣椒水，以嫌惡制約後就地野放。然後我們做好準備，架設不會讓黑熊受傷的學術捕獲用陷阱，結果所幸並未捕獲任何回頭之黑熊。

接下來介紹兩個誤觸山豬陷阱而被捕獲之黑熊的處理案例。

第一個案例，是當時無人認爲當地可能出現黑熊的大阪市豐能町。在二〇一四年六月十九日，豐能町捕獲一頭誤觸山豬陷阱的黑熊，該如何處理引起很大爭議。黑熊在其棲地誤觸陷阱被捕獲，原則上應野放。但大阪市不是黑熊棲地，捕獲黑熊該如何處理無前例可循。大阪市政府部門考慮將該黑熊野放到相鄰其他縣，但怕引來抗議，最後決定捕殺。此議遭動物保護團體激烈抗議，僵持不下，該黑熊在狹窄獸籠中待了好幾個月。最後雙方妥協，由動保團體募款買下該黑熊，在當地寺院設置獸籠，並終身圈養。過程中有人提議，將該熊野放至內閣環境省紅皮書所登錄、瀕危物種紀伊半島地區的黑熊族群，又發現該黑熊遺傳特徵與紀伊半島黑熊族群不同，只好放棄。

二〇一五年五月十七日，在三重縣員辨市捕獲誤觸山豬陷阱的黑熊，員辨市市政府並未公開說明該黑熊處置方針，後來發現牠們將黑熊野放到相鄰的滋賀縣多賀町山區，引起輿論譁然。員辨市一帶不是黑熊棲地，該市市政府即使想就地野放也很難，只好偷偷放到鄰縣。不料五月二十七日發生多賀町女性被黑熊襲擊重傷事件，員辨市任意野放黑熊一事因此曝光。然透過遺留現場的施暴黑熊毛髮DNA，經鑑定並非員辨市所野放之黑熊，但滋賀縣民眾早已罵聲沸騰。

黑熊野放引起不同縣市的衝突。目前實施嫌惡制約、野化訓練時，頂多移放至距離幾公里外之地點，多半就地野放。棘手的黑熊野放課題如次章所述，按理說應由更高層級政府出面、進行跨行政區野放，但知易行難，上級政府很難介入。

最後探討以野放爲前題所設置之捕獸陷阱。野放用捕獸陷阱，和以捕殺爲目的之捕獸陷阱（田中式熊捕獲器等）構造明顯不同。若目的是野放，須儘量保持該熊身心健康，到實施麻醉爲止都得讓牠留在陷阱中。反之，田中式熊捕獲器的鐵格子構造，若熊激烈抵抗，則會造成牙齒與爪子損傷，嚴重時連門牙與犬齒都會折斷到齒槽，甚至下顎骨折。這樣的黑熊若直接實施野放，可想像其存活率會有問題。

欲降低黑熊被捕受傷的機率，最佳的方法是使用「滾桶」（圓杜型塑膠桶連結而成的「巴雷陷阱」），或網目較細、不會卡斷黑熊牙齒，以穿孔金屬板製作的箱型捕獸籠。如果就連捕殺用的有害捕獲也使用人道器材，黑熊就能得到更友善的對待。

以獵犬驅熊

前面介紹各種野化訓練做法，另外也有人訓練獵犬來執行黑熊非致死性管理。

有種一般人不太熟悉的卡雷利亞熊犬，是芬蘭卡雷利亞地區，民眾捕獵棕熊或駝鹿等大型野獸的獵犬，北美有人以這種獵犬執行熊類非致死性管理（亦即驅熊），且成效卓著。美國「風河熊研究所」（Wind River Bear Institute）凱利・杭特先生是著名的熊犬驅熊專家。透過杭特先生協助，日本於二〇〇四年在長野縣輕井澤町，由星野度假飯店集團成立「啄木鳥生態導覽團」（Picchio）。

取得非營利特定活動法人資格（二〇〇四年取得）的該導覽團，成立專攻黑熊等野生動物管理對策團隊，名聲響亮。該團隊自一九九八年起在輕井澤進行黑熊管理。當時輕井澤飯店與別墅垃圾處理不佳，吸引許多黑熊侵入民眾生活空間賴著不走，嚴重威脅居民安全。附帶一提，同樣是飯店廚餘引來黑熊、威脅人身安全，觀光勝地北阿爾卑斯上高地旅館區一帶的黑熊，媒體卻很少報導。

啄木鳥生態導覽團在輕井澤地區宣導改進垃圾處理等防熊對策，二〇〇〇年起受輕井澤區公所委託，實施黑熊野化訓練及野放黑熊追蹤。前述，星野集團二〇〇四年從風河研究所杭特先生手中取得兩隻卡雷利亞熊犬，是針對侵入別墅旅館區的黑熊實施嫌惡制約野放的一大利器，並可保護實施嫌惡制約驅離之人員。原本就是棕熊獵犬，故熊犬之勇猛不在話下，牠們對飼主非常忠誠，一旦開始收養並應用於捕熊或驅熊，飼主得有養熊犬一輩子的心理準備。

有熊犬幫忙，加上施放煙火彈以及人員高聲叫喊，輕井澤地區捕獲黑熊並實施嫌惡制約，之後再野放的成功率更是大大提高。前述西日本一九九〇年代就開始進行黑熊野化訓練，而東日本率先實施的就是輕井澤黑熊野放團隊。

因成效卓著，二〇〇六年十月輕井澤町主辦第17屆國際熊類研究與經營管理研討會（17th International Conference on Bear research and Management），與會者來自三十七個國家約三百五十人[6]。當時熊犬也在飼主田中純平先生帶領下進入現場，引起會場一陣歡呼。

最初來到日本的兩隻熊犬，一隻與飼主田中先生離職，另一隻於二〇一三年病死。二〇一五年星野集團再引進兩隻熊犬，目前仍活躍於驅熊現場。

輕井澤町是全日本頂級別墅區，地方政府稅收多，因此有財力支援黑熊管理。此外，因爲是高級別墅，居民大多來自都市，與野生動物無衝突，且具野生動物保護觀念，和其他產生熊害地區不同。輕井澤黑熊保育模式不易直接複製到其他地區，但至少顯示，民間人士成立活動法人，行動更自由，做法值得其他地區參考。受輕井澤經驗激勵，這幾年日本各地出現各種動物保護法人（NPO法人或股份有限公司等），其中黑熊相關的有前述日本黑熊研究所，以及關照範圍涵括野生鳥獸的「兵庫縣野生鳥獸對策合作中心股份有限公司」（董事長坂田宏志）、群馬縣「群馬野生動物事務所」（董事長春山明子）等。其中規模最大的是「野生動物管理事務所股份有限公司」（董事長濱崎伸一郎）。

話說回來，前述獵熊犬可協助管理黑熊，但事實上可管理黑熊的犬隻不一定得是卡雷利亞這種專門犬種。曾任職於山梨縣環境科學研究所的吉田洋先生，透過利用狗來管理猴子，他簡明扼要整理了犬隻訓練方法，一般家庭也可比照辦理[7]。倒是，用狗管理猴子和黑熊有明顯差異點，當領頭獵犬衝出去追趕猴子或熊，訓獸師在吹哨子後獵犬回來，然而追黑熊的獵犬回來時，身後卻可能跟著一頭被激怒、回頭反擊的黑熊，這點必須特別注意。

早期日本淺山地區村落民眾多養狗，山區野生動物與人類常產生衝突的原因之一，就是家犬追逐野生動物。這些年來山區民眾的寵物犬不會主動攻擊野生動物，反倒有些黑熊被其院子裡家犬飼料的氣味吸引而來，而這正是發生人熊衝突的原因。

2　如何避免吸引黑熊進入村落

前面介紹各種除了捕殺之外的「問題熊」管理方法，但這些基本上都是對症療法，無法根本解決問題。當然，野化訓練以及利用獵熊犬等趕跑黑熊，會對當地黑熊造成強大生存壓力，使人熊關係持續緊張。

若想根本解決人熊衝突問題，則要如何讓黑熊不闖入、不執著於民眾生活空間。如前述，進入人類生活空間、吃到美味食物，這樣的黑熊很難管理，得耗費大量人力、物力才能解決其入侵問題。此時不免令人想起美國黑熊管理界那句名言"The best way to avoid bear problems is to not attract them in the first place"。

前述輕井澤町黑熊管理團隊，除了實施問題熊嫌惡制約，還嚴格執行垃圾管理、抑制熊靠近民眾社區。輕井澤別墅區爲了管理垃圾，委託富山縣民間企業開發黑熊無法打開的垃圾桶，名爲「野生動物對策垃圾桶」。因爲設計了特殊門把，人類能打開，黑熊卻絕對無法打開（圖5-1）。這款垃圾桶可分拆組裝，易於移動、保管。輕井澤啄木鳥生態導覽團團長玉谷宏夫指出，二〇〇四年起輕井澤町引進該款垃圾桶，於垃圾收集場放置三十一座，民間飯店與疾病療養設施也放了十五座。

除了開發垃圾桶，野化訓練及獵熊犬驅離黑熊也發揮相乘效果，輕井澤町黑熊對策事業顯示，二〇〇九年之後不再有黑熊破壞公共垃圾收集場（圖5-2）。當時除了擺設「對策垃圾桶」之外，輕井澤町町公所也調整垃圾收集時間、垃圾車清理時間拉長，宣導民眾

圖5-1　輕井澤町公所引進黑熊打不開的垃圾桶。

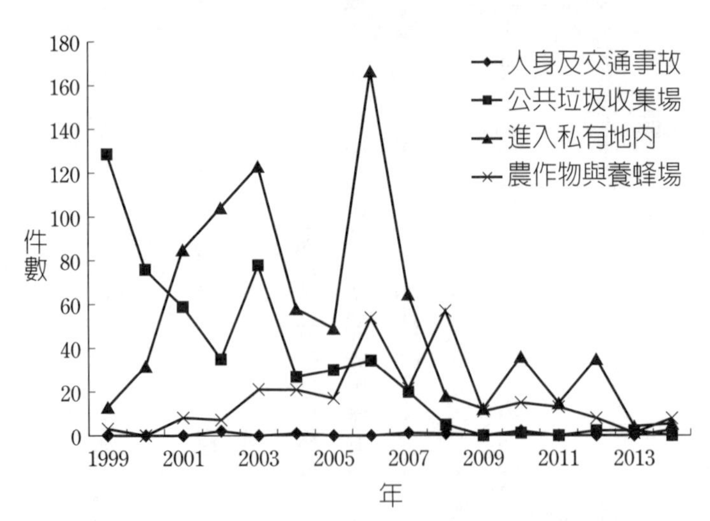

圖5-2　輕井澤町內黑熊造成災害（人身事故、物損、農損）件數之演變（引自2014年度輕井澤町黑熊對策事業報告）。

垃圾袋綁緊、避免掉落等。除了輕井澤之外，也有北海道育兒設施及露營場購入六座防熊垃圾桶，但終究因為訂單不穩定，故已停產。這款特殊垃圾桶每座造價高達二十～三十萬日圓。

輕井澤地區還有一項預防黑熊靠近聚落的方法，當地民眾成立「輕井澤西部地區國有林清除矮樹叢執行委員會」，合力清除住宅區周邊矮樹叢，排除黑熊隱身矮樹叢、闖入社區之可能性。許多山區聚落民眾參與這項黑熊管理工作，深具教育意義。

日本地方政府投入人力、物力進行管理，避免黑熊闖入民眾生活空間的最好例子，就是島根縣。島根縣一九九八年於飯石郡飯南町創設附屬單位「山坡地區域研究中心」，研究如何活化山坡地區域。如前述，日本山坡地區域人口過疏與高齡化問題嚴重，加上黑熊等野生動物愈來愈常闖入民眾生活空間，並發生人熊衝突事件，這也是該研究中心亟需解決的課題。該研究中心組織龐大，其「農林技術部」下設「鳥獸對策科」，有科長及三名專門職員。另外，島根縣策定了黑熊保育管理計畫，為避免管理目標淪為空談，從二〇〇四年起，在該縣西部各地方縣府辦公室派駐「鳥獸專門指導員」（俗稱「黑熊專員」）[8]。

專門指導員在山坡地區域研究中心，接受為期兩個月的黑熊災害對策及野放技術訓練。完成演練後派到各地方辦公室，並執行任務。工作內容包括黑熊災害對策、被誤捕黑熊之野放，以及黑熊棲息環境監測調查（森林堅果成熟狀況調查）、舉辦居民黑熊讀書會等。雖然專門指導員並未以縣府正式員工僱用，且薪水不高，但仍吸引不少熱心有幹勁的二、三十歲大專院校野生生物科系畢業生。不過後來漸漸變成退休人員擔任這項工作。按理說，如此工作項目繁多且須舉辦社區活動、非常耗體力，應該由年輕人擔任較適當。

前述，鳥獸專門員持續溝通、了解地方民眾。他們進行現場對應時，常搭配市町村公所鳥獸管理部門職員一起行動。鳥獸專門員協同作業，對無鳥獸管理專業之公所員工幫助很大。

鳥獸專門員現場工作之一是讓黑熊遠離社區，因此他們協助區公所設置電網，宣導民眾避免留下會吸引熊靠近的食物，若有人發現黑熊出沒，便立刻出動確認情況。電網方面，二〇〇三年起各地方事務所取得緊急借貸之電網，可免費使用一個月。島根縣過去常有黑熊闖入民眾庭院摘取柿子、或日本野蜂的蜂巢片，爲了驅離這些黑熊，在鳥獸指導員指導下設置電網。此外，鳥獸專門員若遇到技術性難題，可尋求山坡區域研究中心專家協助。

鳥獸專門員主要工作是避免讓熊進入社區，另一方面他們也提高了有害捕獲黑熊野放率。統計顯示，二〇〇七年之前，島根縣有害捕獲之黑熊全部採捕殺處分，二〇〇八年之後20～50%野放。另外，誤入山豬陷阱被捕獲的黑熊，超過70%野放。野放是細膩、專業的工作，若非鳥獸指導員協助，市町村公所確實無力執行。

另一方面，島根縣與廣島縣、山口縣合作，策定了黑熊保育管理計畫，廣島縣與山口縣也成立鳥獸專門員組織，並配置黑熊巡邏員。至於黑熊巡邏工作則委託給獵友會執行，目前兩縣登錄的獵友會會員合計約三百二十人。如何協助獵友會人員執行熊害對策（設置電網等），是鳥獸專門員須挑戰的課題【8】。

以上介紹日本近年來逐漸落實的黑熊管理措施。較大的變化是不像過去一味捕殺，而開始有野放之選項。但除了四國之外，本州大多數區域儘管近年來黑熊分布擴大，分區管理卻無具體進展，各縣市黑熊數目統計及分布區域確認，是現階段工作重點。

以兵庫縣為例，該縣的黑熊管理原則為，當縣內黑熊數目達某個水準後，就不進行野放，而將自動轉換為捕殺處分。判斷標準是四百頭，而該縣推估黑熊已達八百頭，未來可能會重新捕殺。事實上，該縣已放寬禁獵，並從二〇一六年起已局部解禁。

如此發展令人惋惜，但恐怕未來會有更多地方政府採取這種方針。這項課題以後專章詳細討論，但至少目前必須承認，捕殺可能被列入各縣市黑熊管理對策的選項之一。

3 瀕危黑熊族群之保育

如第四章所述，與本州大多數族群不同，四國的黑熊族群已陷入嚴重危機狀況，須有立即對策。

二〇一六年六月，日本黑熊保育聯盟在高知縣高知市，召開以保護四國黑熊爲主題之學術論壇，並深入探討四國黑熊所遭遇困境，最後由石川縣立大學大井徹教授主指綜合討論，提出幾項可行的保育對策。

首先，位於德島縣的劍山鳥獸保育區，其外圍的黑熊棲息狀況，因現場人力不足等因素尚未充分掌握，有必要進一步精查。又保育區周邊環境的黑熊恐怕難以生存，因此高知縣可能只剩保育區內約三十頭殘存。當然，擴大保育區及改善黑熊棲地環境也很重要，但若當地黑熊滅絕速度比保護對策發揮效果更快，現場專家學者認爲，可能得實施下列三種保護對策。不過須先說明，儘管是大家深思熟慮、討論過的對策，任何黑熊保育辦法都有其不完善之處，只不過現階段有必要這樣做罷了。

對策之一是人工給餌。這項對策的主要出發點是，劍山保育區的棲地品質不佳，不具備讓更多黑熊棲息（假定目前該保育區有黑熊三十頭）的環境承載力（environmental carrying capacity）。換言之，目前只能設定目標，讓面積有限的保育區黑熊族群恢復數目。爲了提高熊類生存率與繁殖率而實施給餌，目前全球只有IUCN紅皮書指定爲稀有種、棲息在蒙古戈壁沙漠的「戈壁棕熊」案例。近年來結合蒙古棕熊研究者投入於戈壁棕熊保育工作的國際熊學會（International Association for Bear Management and Research），前會長哈利・雷伊諾爾德在學會內部提出報告，指出一九九三～二〇〇七年連續數年乾旱，當地棕熊族群深受影響。二〇一〇年實施毛髮採樣族群數目調查，推估戈壁棕熊只剩二十二～三十一頭，幾乎和四國黑熊推估數目一樣。

在多數地點實施給餌，主要是給棕熊補充脂肪與卡路里，但資金有限，這幾年只剩秋季實施。選在秋季實施的理由，以北美棕熊爲例，夏末到秋季是棕熊蓄積冬眠前脂肪的食慾亢進期（hyperpfagia），這段期間攝食是否充分，攸關冬眠期間能否繁殖成功。主要利用商業用狗飼料，其營養構成除了減少鈣與草酸之外，基本上類似戈壁棕熊主食之野生水蓼科植物根莖部。附帶一提，有人提議實施戈壁棕熊「域外保護」（後述），但並未付諸實施。

明尼蘇達州自然局大衛・賈瑟里斯（David L. Garshelis）先生提到，歐洲幾個地點持續實施熊類給餌，目的並非恢復熊類族群數目，而是養肥作爲狩獵對象，或藉此防範熊離開森林、出沒民眾生活空間。

總之，四國若實施黑熊給餌，須先進行營養學檢討，確認當地黑熊欠缺什麼營養素、卡路里不足多少，以及哪段時期須給餌。

其次，是否該實施「棲地域外保護」。環境省曾公布「有滅絕之虞野生動植物回歸野生的基本構想」，指應以區域內保護為原則，但「棲地域內保護之補充做法之一為，實施域外保護，能讓棲息與生長狀況惡化的品種增殖，提高棲地族群數目，暫時保存棲地內陷入存續困境之品種」。

在此原則下，似乎也可針對劍山鳥獸保育區所殘存的黑熊採部分或全部捕獲，並送到適當設施「保護增殖」（現實上要捕獲全部黑熊有點困難）。除此之外，若能妥善保護劍山鳥獸保育區及其他四國地區黑熊棲地環境，將來就能就地野放黑熊，讓牠們回到森林。棲息地區域外保護的做法，在日本最典型的例子，大概是佐渡島朱鷺保育。一九八一年有關單位捕獲全部野生朱鷺五隻，但因其中公鷺只有一隻，結果還是無法成功。四國黑熊若要實施域外保護，可能得趁早。

第三點是「補強」（re-enforcement/supplementation）。其定義是針對現存野生動物族群，增加其同種之個體數。這項做法和前述域外保護關係密切。針對四國黑熊族群之相關做法有二。一是實施前述域外保護，將完成增殖之黑熊移到棲地「補強」。另一種是將遺傳基因類似的域外個體，直接移到棲地域內補強。具體做法是，將基因相同的紀伊半島黑熊移到四國。但實施這類「補強」有大前提，即得先確保足以承受黑熊數目增加之棲息環境，特別是得取得社會（當地居民等）理解。但這兩項工作其實都不容易。

以下介紹韓國實施補強地區黑熊族群的做法。前述，韓國黑熊遭遇滅絕危機，任職韓國國立公園局的韓尚勳先生，以年代順序推測朝鮮半島（含目前部分北韓地區）黑熊減少之原因[9]，指出十五世紀起韓國民眾相信熊膽藥效卓著，並開始商業捕捉黑熊，一九一〇年代起獵人普遍使用槍枝大量捕獲，日本殖民政府認為黑熊是害獸並懸賞捕捉，一九五〇年代則受朝鮮戰爭影響，直到七〇年代為止盜獵十分盛行。一九一〇年代北朝鮮計捕獲約二百頭黑熊（統計上可能含棕熊），一九四〇年代減少到只剩五十頭左右。南韓黑熊族群則推估一九五〇到一九七〇年數百頭，一九八〇年代之後銳減到只剩約五十頭。

南韓黑熊生存區域只剩南部智異山國立公園山區。我一九九七年十一月初訪智異山，參與日本黑熊研究所米田一彥先生主持的韓國黑熊棲地實況調查計畫。當時日本黑熊研究者與韓國當地環保NGO成員、自然科學系的大學生等組成團隊，針對智異山進行踏勘。當年朝鮮戰爭破壞韓國森林，不過此時闊葉樹與五葉松森林已恢復，就熊的棲地環境而言並無問題。但調查發現，很難找到黑熊蹤跡，推估即使有也可能已陷入嚴重生存危機。我們找不到黑熊，卻發現山區有獵人設的大量鐵絲或鋼絲陷阱。那些陷阱可能是爲了捕捉鹿類或山豬，但應該也會嚴重威脅黑熊生存。後來我有緣又數度造訪智異山，但可惜仍未聽到黑熊生存的消息。

除了大規模實地考查，韓先生也在山區很多地方架設自動攝影機，希望能拍到野生黑熊，卻無所獲。

在此狀況下，爲了恢復智異山黑熊族群，韓國環境省制定了一套由其他地區引進黑熊的「補強計畫」，於一九九〇年代後半投入預算，並大規模展開。執行環境省委託這項國家事業的韓國國立公園管理公團，其在智異山麓克雷市成立「種復原技術研究所」（Species Restoration Technology Institute）（該研究所名稱目前仍不變），整建可飼養黑熊、進行野放前期工作的「順化設施」，研究所僱用眾多獸醫、生態研究者、基因研究者等專業人士（圖5-3）。該研究所附設旅客服務中心，針對拜訪智異山的登山客或學校團體，進行黑熊補強事業教育工作。

實際將黑熊野放山區、進行「補強」之前，他們先在韓國國內某設施飼養兩頭公熊與兩頭母熊。這四頭黑熊脖子裝設無線電發報器，於二〇〇一～二〇〇四年實驗性地野放智

圖5-3 韓國智異山麓成立之種復原技術研究所

異山山區，追蹤其行動並檢討「補強」之可能性。該次實驗取得不少野放黑熊的技術與經驗，確認野放智異山之黑熊無太大適應問題。之後再度捕獲那四頭黑熊，暫時放回飼育設施。

接下來正式執行黑熊補強計畫，二〇〇四～二〇〇五年，從俄羅斯沿海省引進與朝鮮半島黑熊相同基因之黑熊幼獸十二頭，接著二〇〇五年從北韓引進八頭黑熊幼獸，之後再從俄羅斯與中國引進。目前東北亞國際政治情勢有點緊繃，無法想像當時北韓黑熊乘坐連結半島南北的東海線火車，越過北緯四十度非武裝地帶（DMZ）、進入南韓受到熱烈歡迎。

二〇〇四年實施黑熊補強計畫以來，該計畫負責人、種復原技術研究所鍾東旭（音譯）

指出，二〇〇四～二〇一四年總計在智異山野放三十六頭黑熊。其中部分野放黑熊被當地居民盜獵，有的野放後生病死亡，也有的反覆走回、靠近人類生活空間，因而再度捕獲，並永遠圈養。不過，二〇〇九年之後出現野放黑熊交配、產子的案例，共計生出十七頭幼熊。至二〇一四年底統計，野生黑熊有三十六頭。倒是，也有母熊生子後棄養，研究所職員因而介入保育，待幼熊成長後才野放。

韓先生當初提到這項計畫，我還以爲是開玩笑。因計畫實在太大，預算規模遠超過日本黑熊保育界所能想像。但如上述，韓國政府全力投入，確實不是玩笑。二〇一四年八月紀念計畫實施十周年，邀請全球熊類專家召開國際論壇，會場分成野放所在地智異山及首爾市內。我也應邀發表演講，現場包括國立公園管理公團理事長，以及環境省副部長等，場面十分盛大。

表面上看起來這項補強計畫非常順利，但其實不然。除了種的復育仍有許多待克服之技術性課題，野放黑熊得與當地民眾溝通，爭取支持。爲推動這項野放事業，國立公園管理公團召開多次檢討會，並聆聽當地民眾意見。剛開始實施野放的二〇〇四年，我曾受邀到克雷市出席黑熊野放居民說明會，介紹衛星遙測監測技術，不過一提到這項技術可用來野放黑熊，現場民眾群起質疑。坦白講，現場氣氛感受得到，當地居民恐怕多半反對黑熊野放。

正因爲如此，某日我的辦公室響起電話，在電話另一端、正於智異山主持環境NGO工作的金相恭（音譯）先生，急著請教我對智異山黑熊野放的意見，他甚至迫不及待直接飛來日本。見面後他問我，國立公園管理公團黑熊野放的安全性，以及居民補償可不可行？當然，我未直接參與該計畫，只能就個人了解的範圍說明，但受訪過程已感受到韓國民眾頗反對野放。

我的看法是，即便官方機構「種復原技術研究所」實施黑熊野放，但仍可能遭遇居民抗議，而且也許會發生黑熊傷人事故或農業災害，因此得先建立補償制度。另外，當地許多居民養蜂維生，也有許多耕地，可能得免費幫農民架設電網。除此之外，該研究所應續辦環境教育團隊，實施民眾黑熊相關科學與環保解說，避免人熊衝突。

在韓國智異山黑熊補強、野放計畫之中，所有黑熊皆繫掛無線電發報器項圈，或安裝衛星感測裝置，進行全面監控，防範牠們進入聚落與居民發生衝突。

當然如前述，有的黑熊野放後被抓回圈養。另外，該計畫也監測野放黑熊冬眠期是否有生下幼熊。上述這些監控作業都得扛著很重的機材在山區跋涉，麻醉槍作業還得正面面對黑熊，工作人員之辛苦不在話下。但也在他們堅持不懈的努力之下，終於完成各項監測措施。

話題回到四國，若四國要推動黑熊「補強事業」，得先釐清責任歸屬。首先有必要確認是否由中央政府主辦，如韓國案例顯示，若非中央政府主導勢必難以完成。另外，給餌做法也須先建立共識，還得與地方民眾溝通、協商。四國黑熊困境非常急迫，所剩時間有限，得迅速擬定保護方針。

4 黑熊保育管理之民衆教育

本章最後，我想提一些自己從事黑熊民眾教育的例子。如前述，即使有再周全的管理與保育計畫，若無法取得民眾理解與支持，黑熊保育工作仍不易推動。以四國的狀況爲例，當地很多人認爲黑熊很可怕，這是多年來資訊傳播形成的印象，其中可能混雜其他不同種類，甚至不同國家的熊印象。但不容諱言，二〇一六年發生秋田縣鹿角市黑熊連續攻擊的人身事故案件，大大地加深四國地區民眾恐懼黑熊。

另外，黑熊棲地民眾與都市民眾對黑熊的看法差異可能很大。山區民眾覺得，爲何只有自己須忍受黑熊存在的不便與恐懼？反之，都市居民覺得山區民眾為何不能寬容接納黑熊，非得排除牠們？

爲打破這種觀念衝突，得推廣黑熊教育。我們不希望民眾過度認爲黑熊很乖、很可愛，但也不願意大家誤解，以爲黑熊習慣攻擊人，很恐怖。只是，即便近年來民眾理解黑熊已有進步，但不少民眾心目中，黑熊仍是住在魑魅魍魎世界的遙遠動物。

黑熊普及教育套件

前述，我曾獲美國博物館協會協助，以交換職員身分在美國加州洛杉磯郡立自然史博物館任職。當時洛杉磯自然博物館教育部門，開發出一種可讓民眾借用的「皮箱解說套件」，讓我深感興趣。其作法是，用行李箱裝進生態、化石等解說用圖片或標本等，讓進行相關教育工作的NGO團體等可免費借出。麻雀雖小、五臟俱全，一只行李箱就能發揮巨大解說效果。比如，美洲原住民皮箱解說套件，有實際原住民衣服、裝飾與生活用具等實物，乃至於各種複製品。裡面也有CD影片，可於辦活動當場播放；也有博物館製作、簡明扼要的圖表、卡片乃至於解說手冊。有些皮箱解說套件甚至設計了借用者於辦活動時，可現場操作的學習卡等。

如此配備齊全，只須借一只皮箱解說套件，即使是不專業的人也能有條有理的解說，這就是博物館用意所在。有了這項工具，相關團體於各地進行推廣教育，博物館不必派員支援。洛杉磯博物館一系列皮箱解說套件借用者眾多，很受歡迎。

當時我在該博物館上班並進行黑熊生態研究，運用專業知識舉辦推廣講座、工作坊與企劃展等，受到從小學生到老年人各階層民眾歡迎。這項工作令人興奮，但活動時間有限，無法一一回答民眾問題，是可惜之處。我也曾被請到小學擔任資源教師，客串自然公園遊客中心解說員，還到各地社教館與童子軍活動會場，進行現場解說。

有了這些經驗，我想到應製作黑熊「皮箱解說套件」。我的提案得到洛杉磯自然史博物館重視，經開會討論發現，當地郊外山區也有美洲黑熊與居民衝突問題，於是開始製作美洲黑熊皮箱解說套件，當時我心想，等回日本時一定要開發日本黑熊套件[10]。

但只做道具不好玩，我們應該對美國與日本小學生進行問卷調查，了解他們對熊類有多少正確知識，如此就可確認利用皮箱解說套件學習是否能帶來改變。此外，皮箱解說套件若只是圖表、卡片等可能很無聊，所以我們放入更具有故事性的實體標本。

日本小學生問卷調查及製作日本黑熊皮箱解說套件，是我回日本後才推動的工作。問卷結果顯示，日本小學生與美國小學生頗有差異。不論美國還是日本，問卷對象小孩都住都市近郊山腳下，但美國小學生對美國黑熊有很多正確知識與理解（當然也有誤解之處）。此外，美國小學生有相當多在自然公園看過美洲黑熊，他們有的曾在自然公園遊客中心接受黑熊生態解說，學校老師也會提到黑熊種種。反之，日本小學生除了美國歸國子女之外，幾乎都不了解黑熊是怎麼回事。大部分日本小孩要不是把日本黑熊和其他熊類混淆，不然就是誤以爲日本黑熊身材高大、體重很重。食物種類也大多猜錯。我當然不會嘲笑這樣的問卷結果，因爲之前對日本成年人做過類似問卷，結果其實也差不多。原因我想不外乎是，日本父母親並未將黑熊知識傳遞給孩童，即使現在有電視、網路等媒體，孩子也未必接觸得到；而且上網看到的知識是否正確，也是大有疑問。

我製作了研究領域所在、以奧多摩山區黑熊爲題材的皮箱解說套件。第三章提到，我收藏侵襲林間放牧綿羊而被有害捕獲的母熊頭骨標本，以及前後肢複製品乃至於毛皮等，這些也儘量放進皮箱。然後，爲了說明該被槍殺母熊生前的活動範圍等資訊，以及爲何被有害捕獲，我製作詳細的圖表卡片。皮箱中也放入避熊鈴、防熊食物保鮮盒（北美地區民眾露營時用來保存食物的鋁製容器，材質與形狀能避免被熊破壞）、辣椒噴霧罐、橡膠子彈、在奧多摩用自動攝影機拍攝到的黑熊影像、熊與鹿牙齒標本，以及「眞性肉食野獸」美洲獅頭骨等。我將這些標本放進符合日本宅急便規格的鋁箱，結果想放的東西太多，不小心變成兩箱。

完成日本黑熊皮箱解說套件組之後，爲了確認使用效果，我搬這些道具到附近小學試講。對我而言，這只是道具必要之效果評估，沒想到小朋友反應熱烈，超出想像。他們專注聽被獵殺黑熊的故事。解說之後讓他們做問卷，結果理所當然，小朋友們對黑熊的知識進步很多。當時朝日新聞記者清水弟先生曾前來採訪，向社會大眾介紹我製作的黑熊皮箱解說套件，知名度因此打開，關東之外的學校與NGO團體，也紛紛來電商借黑熊皮箱解說套件。

事實上，皮箱解說套件多具針對性，基本上適用當地某解說對象，卻未必適合各地使用，但帶動了風氣，日本各地都有人製作類似套件，連棕熊的都有了。特別是日本黑熊聯盟會員龜山明子小姐籌組團隊，製作幾件黑熊與棕熊皮箱解說套件，到各地進行解說。皮箱解說套件最大優點是提著走，非常方便。龜山小姐團隊則別出心裁，她們接受栃木縣日光市政府委託，於風景名勝中禪寺湖畔搭帳篷，在駐點遊客中心對眾多觀光客導覽解說，大大發揮了解說套件功能（圖5-4）。

圖5-4　栃木縣日光市龜山明子團隊以皮箱解說套件對遊客解說生態。

連結地方與都市的黑熊教育推廣活動

推廣黑熊管理與保護工作形態之一是，如何讓覺得黑熊帶來麻煩的民眾參與黑熊管理與保護工作，同時讓想了解黑熊保育狀況的都市民眾實際體驗。這方面我辦過活動，在此略作說明。

活動發起主要與任職奧多摩町公所、主管黑熊等野生動物對策觀光產業課的加藤一美與天沼晉志有關。某次我們閒聊提到這個點子。奧多摩町的猴子及黑熊常和當地居民產生衝突，實施有害捕獲吸引媒體大幅報導，很多都市民眾匿名打電話到町公所抗議，質問爲何奧多摩町要殺猴子、要殺黑熊，町公所不知如何是好。原本加藤小姐與天沼先生並無野生動物一出現都該捕殺的想法，但說話不必負責任的都市民眾劈頭就罵，讓他們忍無可忍。問題根源其實是奧多摩町人口過疏化與高齡化嚴重，又院子中柿子與栗子等結實纍纍，就會吸引野生動物前來攝食。如果有青壯年或年輕人幫忙摘取果實，就沒有野生動物問題，而且若多年未採收、未修枝，果樹會因此愈長愈高，更難以摘取。

有人提議乾脆砍掉全部果樹，一勞永逸。問題是，從祖先幾百年來代代院中栽種的果樹，實在不忍心砍除。年老居民有這種想法很正常，早年飢荒，院中果實就是珍貴救荒食物。因有這樣的歷史淵源，故果樹砍不得，我們只好幫柿子圍一層鍍鋅鐵皮，讓熊無法攀登。我們幾個人義務勞動，能做的有限。

這時候加藤小姐想到解決方案，「乾脆請都市民眾幫忙採柿子，順便讓他們看熊造成什麼問題。」

就這樣我們推出主題「傷腦筋，誰來幫我們摘柿子」的活動，由奧多摩町與奧多摩黑熊研究團體共同主辦。活動地點設在奧多摩町峰谷三澤聚落，一同摘取坂村先生家中的柿子。當時文宣如下：

山區聚落民宅栽種果樹（柿子、柚子與栗子等）漸失糧食功能，成熟了居民也不摘取，吊在枝頭。當地居民高齡化且勞力不足、飲食嗜好改變等，無人採收的果實吸引野生動物，和居民產生無謂衝突。特別是奧多摩町峰谷秋季柿子成熟時，吸引了黑熊靠近村落，擔心可能造成人熊衝突事故。

本活動摘取樹上柿子，讓參加者親自動手，體驗製作柿乾。加工後的柿乾，參加者可有償取得。活動也有黑熊講座，說明棲息峰谷附近的黑熊生態，以及大家幫忙摘柿子對黑熊保育的貢獻。我們還會當場展演樹幹包鍍鋅鐵皮的半永久避熊對策。

這篇宣傳文字也承蒙朝日新聞清水弟先生報導，其他媒體也跟進，預定參加名額四十人，卻湧進一千二百人報名，盛況空前。當時奧多摩町公所總機被打爆，正常業務受影響。為回應民眾熱情，我們打算增加活動名額，無奈活動地點位於山區陡坡，為確保安全，實在無法讓更多人參加。

雖人氣沸騰，最後仍只接受數十人報名。活動當天秋高氣爽，大家努力擎著長竹竿、笨手笨腳地割取樹梢柿子，個個滿頭大汗。搭配系列解說活動，讓大家對黑熊保育貼近現場第一手體驗。活動結束現場進行問卷調查，參加者都說還想再來。當時我們把採下的柿子削皮串繩子，並吊在坂村先生家屋簷下風乾，藉奧多摩秋天涼風慢慢陰乾，於年底再分別寄給參加者，待過年時享受親自製作柿乾美食（圖5-5）。

活動大受好評，讓身爲主辦單位的我們非常欣慰，了解這方面民眾需求很大。透過舉辦這類活動，確實也能拉近地方與都市距離。從振興地方產業與社區的角度看，非常有幫助。但可惜這項活動舉辦兩年之後還是停辦了。原因除了町公所人事異動、主辦者離開之外，活動籌備與實行業務量太大，奧多摩町難以爲繼。另外，許多人質疑，爲何只有奧多摩町辦這類活動？主辦單位如何配合民眾需求，要做到皆大歡喜確實很難。

就黑熊保育問題而言，教育推廣活動與管理須同時並進，如車之兩輪缺一

圖5-5　東京都奧多摩町摘柿子等黑熊保育活動狀況

不可。但此高負荷量工作只有公部門推動，倍感吃力。近年來日本環保與保育NPO很活躍，按理說應有愈來愈多人參與黑熊保育才對。黑熊保育的調查研究與監測等需相當學術專業，但推廣教育最重熱情，專業知識或經驗非必須條件，只要有興趣，任何人都能參一腳。但做教育推廣仍得警惕，避免錯誤解說。然後，黑熊保育活動最好讓參加者有思考空間，而不是主辦單位單邊塞知識、推銷意見。必要時可邀請地方有識之士或專家學者參與，增加更多知識與經驗交流。

第六章

與黑熊和平共處

談到日本黑熊保育工作，很多民眾疑惑「野生黑熊有何用處？」甚至覺得「少了黑熊也沒差吧？」即使近年來野生動物保育觀念興盛，仍有許多人認爲「只要黑熊不造成危害、沒妨礙生活旅遊等，是可以任其存在，否則最好還是不要的好。」

近年來科學研究顯示，日本黑熊扮演散播種子、促進森林再生的重要角色。在地球暖化問題嚴重的今天，黑熊攜帶種子、讓植物往高海拔垂直移動，有助於減緩氣溫上升。但這些黑熊對森林與地球的貢獻，其實還只是模型假設理論階段，仍須長期動態研究才能證實。畢竟自然界生態變遷牽涉的因素多且複雜，若非長期監測難以掌握其眞實樣態。

回顧歷史，日本黑熊是三十萬到五十萬年前，由目前的朝鮮半島一帶進入九州，然後慢慢擴散到日本四大島嶼。數十萬年來日本黑熊持續適應日本的自然環境，克服不同年代氣候變遷考驗而繁衍，並存活下來。但人類出現不過數萬年，卻用「黑熊是否妨礙人類生活」或「黑熊是否有益於森林」之標準，擅自決定相對於人類更堪稱為「原住民」的熊類有無存活之權利，不是太自大、太喧賓奪主嗎？

如前述，早在江戶時代，甚至室町時代日本就已大規模開發森林做各種用途，日本黑熊的生活空間在數百年持續被壓縮，近年來日本山林復育上軌道，很多恢復自然面貌，黑熊難得有了安定的生活環境。從歷史的角度看，其實是人類以一己之私任意利用森林、不在乎黑熊存在，才使黑熊因森林不足而苟延殘喘。因此，今天從事黑熊保育與管理，基本上應抱持寬容甚至謙卑的態度。

但考量未來人熊衝突大量發生的可能性，恐怕還是得劃設一些「人熊界線」，避免黑熊過度繁殖與擴大分布。且近年來捕獲黑熊實施野化訓練之管理模式，雖已因為黑熊保育教育的推動獲得民眾認同，但若未來出現大量民眾受攻擊，甚至喪命的「人熊衝突」，社會上仍可能產生不野放而直接獵殺之聲音，導致更多黑熊死於非命。這並非危言聳聽，環境省官網所公布年度黑熊捕獲件數統計，其中「熊類許可捕獲數」顯示捕獲後野放的比率逐步下滑，亦即愈來愈多黑熊被「就地正法」。筆者並不想批判這項趨勢，本章後半將深入討論此一課題，但我認為實施日本黑熊管理應有基本態度，那就是黑熊是比人類更早到的「前輩房客」，至少應給予起碼的尊重。

日本黑熊研究所所長米田一彥曾霸氣地說：「黑熊當然有牠生存的理由，這還用問嗎？」這句名言背後其實是整個本州只剩下幾萬頭日本黑熊，如九州早已滅絕，四國也是奄奄一息、危在旦夕，這反映日本民眾並不是很尊重日本黑熊的生存權利。近年來包括山豬、日本鹿（梅花鹿）等森林動物，愈來愈常聽到民眾「都該予以捕捉」的主張，這是正確的野生動物管理觀念嗎？特別是面對數量已經如此有限的黑熊，不會太粗糙、太粗暴嗎？

1 保育管理計畫的現況

二〇一五年日本鳥獸保護法部分修訂，法規名稱從「鳥獸保育及狩獵適當化相關法律」改成「鳥獸保育管理及狩獵適當化相關法律」，強調管理層面的工作。修訂重點在於放寬民眾可在符合一定條件的狀況下，進行夜間狩獵，且實施野獸狩獵之主體不侷限於逐漸高齡化、人數減少的各地獵友會成員，也開放都道府縣地方政府引進「鳥獸捕獲等事業者認證制度」，只要具備一定狩獵技能與知識的民眾團體，並依此規定取得認證者，即可實施狩獵。這項新制度旨在方便地方政府如打算減少某些野生動物數量時，有足夠可委託執行相關業務之民間專業團體。當時修法聚焦的重點是因為山林中的山豬與野鹿太多了，須適度管理、減少數量，新法之中地方政府制定的「鳥獸保育事業計畫」皆改為「鳥獸保育管理事業計畫」，其保育管理計畫重點在於區分「族群數量明顯減少，或棲息範圍偏小之鳥獸保育相關計畫」，此為「第一類特定鳥獸保育計畫」；另一個則是「族群數量明顯增加，或棲息範圍偏小之鳥獸保育相關計畫」，即為「第二類特定鳥獸保育計畫」。這兩項分類顯然著眼近年來族群數量大增的山豬與野鹿，必須予以適度管理。

我比較在意的是，政府機構擬定這兩類新型態鳥獸保育管理計畫時，日本黑熊屬於第一類還是第二類。如上述，目前有黑熊地區之中除四國之外，長野縣、岐阜縣、石川縣以北全部的縣都屬數量增加中的「第二類」；西日本福井縣、滋賀縣、京都府、兵庫縣、鳥取縣、岡山縣、廣島縣、山口縣等劃入「第一類」。問題是第一類偏保育、第二類偏管理的做法可能引起民眾誤解。仔細閱讀計畫內容後筆者不免擔心，「第二類」亦即九州中部以北區域，政府是否打算未來全面加強收捕黑熊？

當然我們不可忽略一個事實，那就是本書一再強調的，全日本黑熊頂多只剩幾萬頭，而黑熊不擅長逃避追捕，當然也不會知道牠們被分成待遇不同的兩類。另一方面民眾對黑熊的觀念改變，如秋田縣鹿角市發生異常的黑熊攻擊民眾命案之後，輿論翻轉、很多人支持加強捕熊。結果，二〇一六年度單單秋田縣一個縣，就破紀錄捕殺超過四百七十頭黑熊。

黑熊保育工作做的較好的兵庫縣，屬第一類亦即偏保育，該縣制定如下的黑熊對策方針「監測黑熊族群數量，一旦超過其門檻，將有害捕獲之黑熊予以處死並開放狩獵」。基本上筆者認為，兵庫縣以保育為主，但視情況必要彈性捕獲管理相當合理。但要採用這種機動性管理，前提是持續實施符合科學原理的黑熊監測。當然，兵庫縣自己有森林動物研究中心，且具備良好條件。反之，其他都道府縣則面臨難以精準實施的困境。

總之，黑熊保育管理事業計畫通常制訂後三～五年就得重訂，若該期間情況嚴重變化也可調整。最近修訂完成的鳥獸保育管理法，該如何落實於日本黑熊保育與管理，仍有待各地方政府妥善處理。

2　保育管理之課題

以下彙整日本黑熊保育管理之重要課題。基本上都是已經吵二十年的老問題，但一直無具體對策，也沒有落實。當然，以長期角度來看，日本人比以前更具備黑熊保育管理概念，這是時代的進步，但不得不承認日本的黑熊面臨重大危機，那就是分布區域持續擴大、逼進民眾社區，大量出沒造成人熊衝突，保育管理工作壓力沉重。

各地區黑熊族群之管理（應成立跨區域保育管理單位）

仔細想想，各地方政府，特別是鄉鎮市等行政層級所劃設的黑熊保護區等邊界線，對於黑熊而言並無意義。這些年來日本許多鄉鎮市因人口減少而合併，但面積多半仍有限，有些鄉鎮市面積甚至只有數十平方公里，即使整個鄉鎮市都是森林（當然不可能），也小於日本黑熊平均數十到數百平方公里之活動範圍。亦即，無任何鄉鎮市能剛好把一個黑熊族群限制在其行政區域內。這些年來筆者實施黑熊繫掛衛星定位追蹤發現，不要說鄉鎮市範圍，很多黑熊的活動範圍跨越兩個縣。牠們從夏末到秋天覓食季節，整整三、四個月都在努力找食物，曾有一頭公熊從栃木縣日光市一路走到群馬縣片品村、沼田市、澀川市、綠市與桐生市。連活動範圍較小的母熊也跨縣遊走在栃木縣日光市、群馬縣片品村、沼田市、桐生市之間。會走那麼遠當然是因爲秋季堅果結實狀況不佳，爲求溫飽黑熊只能跋山涉水走遠路，令人驚嘆。

黑熊保育工作行政單位不可自掃門前雪，亦即不應以行政區作爲黑熊保育管理單位，而應以各該區域的黑熊族群爲主，跨行政單位（跨鄉鎮市、跨都道府縣）實施。這便是所謂的「跨縣保育管理單位」，亦即「廣域管理」概念。如前章所示，一九九〇年代就有專家提出這種方案，後來島根縣和廣島縣、山口縣聯合制定日本黑熊保育管理計畫[1]。更精確的講，就是全日本黑熊族群「分區管理」，以棲地山區爲基準，並納入道路河川等物理性行動障礙等條件考量，全國合計劃分十九個「跨縣黑熊保育管理單位」。這十九個保育區精準涵括各地黑熊族群，可說兼顧地方政府保育管理的便利性。另外，基因定序技術成熟，全國黑熊族群基因定序之後，「黑熊保育管理單位」劃分可能因此調整。例如，安河內團隊認爲，依據粒線體DNA單倍型分析結果，九州之外的本州與四國的日本黑熊可分爲十四個族群[2]。如後述，近年來日本黑熊族群分布擴大，數百年無黑熊蹤跡的山區也出現黑熊，這些新冒出來的黑熊怎樣歸類族群？總之，劃設「跨區保育管理單位」不只從黑熊生態面切入，也應考量行政便利性，整合各地區鄉鎮市乃至於都道府縣政府，一起行動。

環境省最近公布「特定鳥獸保育與管理計畫制定指引」（熊類編，二〇一六年版本），之前公布的十九個跨區黑熊保育管理單位，剔除九州後只剩十八區，但另外劃設津輕半島、阿武隈山區、箱根山區與紀伊半島北部等近來黑熊常現蹤地區為「黑熊生態監測區」。

雖然說，一九九〇年代學界開始倡議的「跨縣區保育管理單位」各界反應熱烈，環境省也公布實施指引，但實際落實不易，地方政府很少照指引執行，只有廣島縣、島根縣與山口縣簽約共同保育計畫，除此之外頂多是相鄰的縣成立共同資訊站、交換資訊，多數地方政府依舊各自為政。於是出現一種狀況，某山區同一個黑熊族群，山這邊某縣重保育，捕獲黑熊後實施「野化訓練」，或發現靠近民眾社區即驅之遠方；然而山另一邊某縣卻一抓到就捕殺，根本沒有協調、整合。

若要達成「跨區保育管理單位」之目標，如第五章所述先找好深山可野放地點，是不錯的解決方案。適合野放的地點有限，捕獲後野化訓練頭數須先設上限，並實施分布區域管理，提升對策有效性與效果。然後，相同黑熊族群所在的不同縣應相互合作。例如，某縣有鳥獸保育管理專責人員，而鄰縣沒有，則最好合作辦理。

只是理想歸理想，實務上常窒礙難行。地方政府組織與預算各有工作範圍設定，難以彼此合作，除非先成立跨縣合作平台、據此編列人員與預算。不只都道府縣缺乏合作平台，鄉鎮市合作也有鴻溝，這類困境可能得由內閣環境省出手克服，例如成立跨都道府縣之「地方辦公室」。實務上這項做法仍有難度，因爲近年來日本人愈來愈多主張「中央權力下放地方」，中央政府成立跨縣平台可能「違逆潮流」被批判。若成立「跨縣黑熊保育管理平台」眞有困難，至少行政管轄區域內有兩個以上日本黑熊族群的都道府縣，應在自己管轄範圍內成立「跨區黑熊保育管理平台」，擬定保育管理整合計畫。

分布區域管理

前述「跨縣黑熊保育管理平台」若能順利成立，亦即地方政府合作推廣黑熊保育管理，就可進入「分布區域管理」（區塊管理）階段。前述四國地區之外，現有黑熊的都道府縣數量都持續增加，且研究顯示一度很明顯的「落花生形狀黑熊分布」已改變，深山的黑熊變少，而山坡地區域及淺山區域的黑熊則變多。這是否爲普遍現象有待普查，但目前掌握的資料顯示，日本黑熊族群分布面積與數量逐步緩升中。

預測未來數十年日本人口將大幅減少，淺山居民過疏化與高齡化將進一步惡化，「崩解邊緣村落」大增，山區人類與野生動物愈來愈難維持平衡狀態而和諧相處，衝突緊張將成常態且不斷惡化。

若以數百年爲單位檢視日本國土生態，眼前可說是史上森林覆蓋率最高階段。對於黑熊而言難得重享大片森林、可自在遨遊，但政府部門仍得適度管控黑熊族群擴張。環境省已公布都道府縣制定黑熊保育管理計畫之準則指引，首先將黑熊出沒區域劃分「核心區」、「緩衝區」、「防除區」、「排除區」四種區塊。其中「核心區」指全部是森林的深山黑熊永久棲地；「緩衝區」與「黑熊防除區」位於永久棲地與非棲地之間，主要是山坡地或淺山區塊。至於「黑熊排除區」則是以民眾生活安全爲優先，原則上管制黑熊出沒、必要時予以捕獲之區塊。例如，石川縣制定日本黑熊保育管理計畫，將突出於日本海的能登半島劃入「黑熊排除區」，若出現黑熊將予以「排除」。至於「防除區」與「排除區」之界線亦即日本黑熊分布前緣線該如何劃設，是各都道府縣當務之急。

似乎有些地方政府認爲，應嚴厲管控黑熊生存空間，將已擴大的黑熊分布區域壓縮回到過去某時期大小，本州有些地方政府已公告如此方針。不過，也有些地方傾向「讓地還給黑熊」。從現實面來說，按照環境省的指導方針，若將生活基礎設施發展低落的邊陲村落（限界集落）永久設定爲黑熊排除區，是非常困難的事。因爲該地區內人口凋零殆盡幾乎沒有永久居民能執行黑熊排除（捕殺）工作。

還有更棘手的問題，數百年不見黑熊而再現，應依據環境省「日本黑熊保育管理計畫制定指引」實施黑熊數量監測的津輕半島、阿武隈山地、箱根山等地區，其黑熊族群分布區域該如何保育管理？當地黑熊基礎資料一片空白，如何保育管理是一大挑戰。類似狀況日本各地可能愈來愈多，這些地區的執行經驗將成爲參考指標。

以阿武隈山脈南部爲例，江戶時代以來首度出現熊因而被納入環境省「日本黑熊保育管理計畫」，對於當地居民而言乃是晴天霹靂。地方官員毫無黑熊處理經驗，筆者出席該山脈所在茨城縣與福島縣政府的「黑熊說明會」，並擔任顧問，明顯感受到官員的恐慌。他們害怕黑熊，認爲黑熊帶來威脅故希望「去除」，當地民眾似乎也是這種想法。說明會上當地政府公布的黑熊處理基本原則，便反映這樣的縣民意志。說明會結束後，這兩個地方政府如何制定黑熊管理方針不得而知，不過，之後不久二〇一六年茨城縣常陸太田市養蜂場出現黑熊，地方政府立刻要求蜂農撤除蜂箱，同時設置捕熊陷阱。難道沒有蜂箱，熊就不會再來嗎？地方官員的對策邏輯令人好奇，推測上次說明會後官員已預估會有這類狀況，因此立刻施作捕熊陷阱。看起來相關官員並未研討更完整的配套對策措施，畢竟只會架設捕熊陷阱，稱不上黑熊族群數量妥善的管理。

箱根山區也有類似狀況，三不五時傳出民眾目擊黑熊消息。地方政府按理說應立刻監測，並制定保育管理方針，但目前仍不見相關作爲。

中央政府與地區整合黑熊族群資料

制定日本黑熊保育管理計畫，其首要工作是掌握各該地區黑熊族群數量（但如前述，各該地區黑熊族群範圍如何劃定，中央政府和地方政府可能都不一樣，因此，先取得保育管理工作執行的便利性即可），持續進行監測，並針對黑熊族群大小與縣民反映等，擬定具彈性的機動對策方針。爲此，應蒐集彙整各地區黑熊資訊與研究成果，連結全國黑熊保育管理資料庫，進一步成立黑熊保育管理資訊平台。日本在這方面的工作尚未起步，應迅速推動。若和美國比較，美國國土廣大，甚至有些州本身面積就很大，各州自行處理即能蒐集充分資料，並有效實施保育管理。反之，日本地方政府面積有限、鄉鎮市更小，若拘泥行政劃分，則容易打散完整的黑熊族群。總之，日本黑熊保育管理須有跨縣界且全國性的平台。

目前以全國規模的日本黑熊公開資訊中，包括狩獵件數、有害捕獲（獵殺）件數、野化訓練等管理捕獲在內，學者們完整掌握的只有二〇一六年之後的全國黑熊出沒件數。以黑熊捕獲資料爲例，全國有多少件不知道，有些案件頂多知道捕獲地點與捕獲黑熊公母，除此之外沒有全國性統計數據。至於黑熊攻擊民眾致死案件，學者也看不到事故筆錄與有關單位詳細報告。這也難怪，因爲政府有關單位尚未整合全國都道府縣黑熊刑事資料格式。

另外，環境省最新黑熊保育管理指引，建議實施「總捕獲數複數年管理」，即使某年全國日本黑熊捕獲頭數（含有害捕獲與狩獵頭數）超過保育管理計畫之年捕獲量上限，只要隔年起壓低捕獲數，而在複數年後不超過複數年總捕獲數量上限，就算達成計畫目標。這是務實的辦法，但前提條件是各地方政府須打破行政藩籬，一同整合全國黑熊捕獲各種數據。

黑熊分布調查其實也非常不足，全國性調查並公布成果的只有一九七八年和二〇〇三年兩次，且年代久遠。二〇一三年雖有調查，但也只是NPO日本熊類保育聯盟小規模「黑熊棲地分布邊緣調查」。據傳環境省有意數年後實施全國性調查，希望儘快實現。

總之，最好密集調查、蒐集日本黑熊棲地與數量數據，並彙整成資料庫。而且，與黑熊保育管理相關之調查資料，應予以公開。

與地區民衆建立共識

地方政府制定日本黑熊保育管理計畫的官員，似乎已能了解徵詢民眾之必要性，因此多設有「市民意見箱」或召開公聽會。只不過，出席公聽會的未必是當地黑熊保育利害關係人，特別是山區民眾高齡、不會上網者眾多，也有許多人無法親自下山參加公聽會，因此所制定的對策容易與當地居民需求產生落差。

國有林（公有林）與民有林之功能角色

要推動日本黑熊保育管理，須先掌握黑熊棲息環境，亦即全國森林現況。而日本山林有一項舉世罕見特徵，那就是世界各國山林幾乎都是公有林，以亞洲各國爲例，森林80%以上爲公有林（FAO Global Resources Assessment 2005）。反之，日本山林57.7%爲私有林（「私有林」的定義是，全國山林扣除國有林與縣有林，其餘都是私有林），這是林野廳二〇一四年「森林暨林業統計要覽」之統計數字。

野生動物在法律上視爲「無主物」，在土地所有者民眾眼中，黑熊其實是麻煩製造者。民有林所有人一向痛恨會剝人工針葉林樹皮的黑熊，而且黑熊嚴重威脅山林作業人員安全，令上山工作者不安。若黑熊是土地所有人之「財產」，地主按理說可向狩獵者收租，但法令上不允許收費，黑熊對於山林地主只有麻煩而無好處。而黑熊擅闖私人土地，地主當然有權加以「排除」。這樣的日本黑熊法律定位，未來應該也不會改變。

眼前當務之急是如何將廣大民有林之黑熊棲地納入管理，否則野生動物保育管理不可能落實。最常見的幾種狀況是，缺乏管理之民有林樹木繁茂，成爲黑熊等森林性動物的天堂。有些民有林遭黑熊入侵剝樹皮而損失慘重，業者咬牙切齒。四國黑熊棲地不足，但很難把國有林周邊的民有林也劃入保育區。總之，如何建立合作平台，讓民有林業者參與政府黑熊保育管理工作，是目前的目標。

國有林與縣有林將扮演黑熊核心棲地角色，若發現黑熊棲息即納入「黑熊族群分布區」，保育管理工作將更吃重。公有林須維持適當的黑熊等野生動物棲地品質、面積與連續性，政府單位雖制定並推動確保野生動物移動路徑的「綠色走廊計畫」，但實施效果尚未正式評鑑，這也是必須落實的工作。

倒是，有些縣重保育，捕獲黑熊常「野化訓練」，但若野放區域附近有民有林，可能會威脅到林業公司員工安全而引起反彈。這問題相當棘手，畢竟難以保證野放黑熊不闖入私有林，野放實施單位當然也無法保證山林工作者的安全。

3 黑熊監測之課題

建構長期監測機制

日本黑熊保育管理計畫須先有精準監測資料，才能實施機動性管理。長達數年持續監測，可能出現黑熊族群變大或變小、棲地環境改變，乃至於周遭民眾對黑熊態度觀感改變等狀況，必須隨時因應，並微調實施內容。黑熊監測內容以岩手縣為例，主要項目有黑熊數量、黑熊破壞樹林狀況、捕獲黑熊公母與大小、該黑熊族群活動範圍、堅果歉收或豐收、黑熊棲息狀況是否正常等，都應長期記錄。日本很多都道府縣實施黑熊監測，這項工作人力、物力耗費巨大，地方政府多無力負擔，重點監測常虎頭蛇尾、草草了事。

當然，實施黑熊保育管理計畫的都道府縣，自己若有監測研究機構最好不過，但現實上不多。目前從東北地方到中國地方，全日本配置黑熊研究人員，並有監測實施經驗的機構，頂多以下十二個而已（含前不久仍有黑熊保育專業職員的政府機構）：岩手縣環境保健研究中心、福島縣環境創造中心、石川縣白山自然保護中心、福井縣自然保護中心、長野縣環境保全研究所、栃木縣林業中心、群馬縣林業試驗場與自然史博物館、神奈川縣自然環境保全中心、山梨縣環境科學研究中心、兵庫縣森林動物研究中心、島根縣中山間

（山坡地）地域研究中心。二〇一四年度全日本計二十一個府縣推行保育管理計畫，其中只有一半地方政府擁有全部或部分黑熊監測項目。但如前述，有些政府機構編制黑熊監測人員因退休或異動離職，造成推動到一半的黑熊族群監測計畫因此停擺。客觀而言，我們不能期待每個地方政府都擁有各種動物的研究機構，以及足夠的人員編制，因此如後述，政府應培育黑熊保育管理專業人才，並擴編機構，讓這些人才發揮專長。

另外，自己無黑熊監測機構人員的縣，應委外實施監測業務。但日本現行政府勞務採購招標制度有黑洞，可能出現無專業能力廠商以低價搶單得標的窘境。招標說明書明列採購業務執行能力等條件限制，或以資格標專家評選機制淘汰劣質廠商，亦即並非全開價格標，有時卻還是由不良廠商得標。根本原因在於，野生動物保育管理的政府勞務採購標案，其招標說明書具高專業難度，非地方政府所能掌握，招標說明書之投標廠商服務建議書規格該如何訂定等，對他們而言都是難題，官員即便徵詢政府所設環境保全審議會專家委員，招標說明書做出來仍漏洞百出。

另外，政府勞務採購標案原則上一年結案，規劃連續實施多年的監測業務可能因為中間廠商換人，故工作無法銜接或銜接不順。除此之外有個問題，以年度為基準編列預算、招標上網公告後，廠商製作服務建議書、投標開標與簽約等都得走一定程序、耗費時日，按理說春初應展開的監測工作，待開始運作時已經春末，錯失業務實施最佳時間點。

上述困境解決方案之一，是前述地方政府合作成立黑熊管理跨縣平台，相互支援監測調查等業務的人力、物力。若監測專業人員僱用與預算編列不易擺脫現行框架，可共同出資成立「第三部門」研究機構，或以經費支援NPO機構，以協助充實其設備的方式，達成「第四部門」實現政府政策之目標。

培育專業監測等人才，並提供政府機構職缺

不只日本黑熊，地方政府應培育有能力制定野生動物保育管理計畫與執行業務之人才。相關業務與人才需求量估計未來幾年會大幅增加，但大學相關科系有限。雖有些大學之農學院、理學院也設有動物系或獸醫科系與課程，但能提供野生動物保育管理完整學程的仍有限，專業教師員額也不足。當然，日本黑熊保育管理課程之教師，未必須侷限於黑熊研究科班出身，只要學生願意攻讀日本黑熊保育管理，跨科系選課並非不可行。若能舉辦跨校研討會，和其他學校交流、研習，也能鼓勵學生投入熊類研究與學習。

目前本州有日本黑熊專業學者的大學只有九所，即岩手大學農學部、宇都宮大學農學部、東京農工大學農學部、東京農業大學地域環境科學部、日本獸醫生命科學大學獸醫學

部、信州大學農業部、石川縣立大學理學部、京都大學農學部、兵庫縣立大學森林動物研究中心，其中幾所的日本黑熊專家即將屆齡退休，其教學研究接棒情況不明，令人憂心。

另外，即使有日本黑熊專業學者，也不能保證該大學有能力開設完整的日本黑熊課程或學程。以筆者任職的東京農業大學爲例，雖有由森林學出發而成立的森林總合科學系，但日本黑熊等森林野生動物管理課程以及教學設備並不完備，該課程在系上的定位也有待確認。所幸「地域生態系統學系」　光一教授支持，由該系增聘日本黑熊保育管理專業師資，並開設課程，或許以後會成爲日本各大學開設日本黑熊課程之範本。

獸醫系的野生動物教育也不充足。過去頂多有森林大型動物生態研究學程，卻無有關日本黑熊保育管理的完整課程。另外，野生動物營養生理與繁殖生理研究成果累積也很重要，希望大學獸醫系也能培養專攻野生動物的獸醫師。

目前日本只有北海道大學、岐阜大學、日本大學、日本獸醫生命科學大學、酪農學園大學等獸醫學系所有野生動物醫學研究室，但數量不多。歐美野生生物醫學系所有很多提供獸醫學學程，日本卻很少開這方面的課。一九九五年「日本野生動物醫學學會」成立，促成各大學成立相關學生社團，進一步由首爾大學木村順平教授，與岐阜大學柳井德磨教授發起成立亞洲野生動物醫學會，吸引日韓兩國眾多學生加入，預料將帶動野生動物醫學得到更大的重視。

還有一個重要課題，酪農學園大學環境共生學程伊吾田宏正教授，其成立狩獵管理學研究室，並開設森林動物生態管理課程，將狩獵定位爲管理工具。其背景是老獵人逐漸凋零，野生動物管理不足，人手須由大學補充。如前述，日本黑熊保育管理工作與梅花鹿和山豬不同，特別是陷阱銳利可能造成黑熊滅絕。例如，由靜岡縣水窪町田中鐵工所研發，且快速普及全國的捕熊利器「田中式熊捕器」（俗稱「田中捕熊檻」，專利通過）就是典型的例子。不過，像黑熊這種大型食肉類野生動物，若黑熊攻擊民眾致死，須緊急捕捉得使用槍枝，這需要專業技術，大學能否提供教學，還有很大的討論空間。

另一方面，有些專科學校開設野生動物教育課程，如東京環境工程專科學校，於一九九四年開辦「自然環境保育專才訓練班」，二〇〇〇年開設「野生生物調查訓練班」，聘請自然環境研究中心研究員傳授知識技能。

這類保育學程與專才訓練班能否訓練並確保足夠熱情的保育專才，仍有待觀察。畢竟出路有限，學員容易三心二意，即使專業養成也未必派上用場，技術不易精進、傳承。

這方面還有個巨大考驗。那就是野生動物保育田野工作負荷大，壓力大且沉重。以黑熊移動軌跡研究爲例，首先得扛很重的熊陷阱上山，待在附近等候熊踏入陷阱，完成學術捕獲與繫放之後，則需在廣達一百到二百平方公里大範圍的山區，反覆查看黑熊前往怎樣的地點。地點多在深山，團隊成員須具備能單獨判讀地圖與地形、以及不論大雨還是大雪都能安全下山的技術能力。而且，若所繫掛的熊頸圈衛星發報器故障或脫落無法回傳數據時，得重新捕獲、重新再繫掛發報器，費時費事。

再討論一下專業人才出路問題。目前的狀況是，即使費很大力氣、順利培養野生動物保育管理專業人才，出路仍很有限。例如，很多日本黑熊保育管理第一線工作者，都是緊急僱用對策之短期約僱人員，而非政府機關正職人員，工作無保障。不只野生動物保育管理，日本很多職場不再終生僱用，時代趨勢很難抵抗。當事人再怎麼努力工作也無加薪、年終獎金與退休金等福利，只怕當事人工作士氣會受影響。

當地方政府組織員額編制有限，無法增聘這些人才時，筆者的建議是，成立專門承包政府委託業務的「第三部門」（半官半民事業單位總稱，亦即「非營利組織」）甚至「第四部門」（社會事業），政府委託事業較能維持品質，避免年年開標以及價格標低價搶標等老問題。而且固定委託某些專業組織，該組織專業人才也不必擔心飯碗不保，更能安心、專注於工作。

創設長期動態研究據點

以下介紹非政府部門經費實施調查、成果反饋野生動物保育管理的國外案例。這些案例湊巧都是大學或大學附屬機構、政府研究機構長期據點研究。反觀日本，至今尚無專職日本黑熊保育管理之長期機構組織。即使有些政府單位承包研究案或保育管理專案而有了工作成果，一旦結案、無後續資金挹注或核心人物退休技術失去傳承，便得重新再來。以筆者長期實施的日本黑熊研究為例，奧多摩山區從一九九一年便展開，所能投入的人力、物力每況愈下，可說虎頭蛇尾，這幾年已陷入停滯狀態。日光足尾山區幸好確保長期預算，人力亦充足，但二〇〇三年才開始，工作成果有限，還稱不上是長期研究。

國外最有名的野生動物長期研究，大概就屬一九六〇年啟動的非洲坦尚尼亞塞倫蓋堤國家公園獅子研究計畫。計畫主持人是以多種野生哺乳類研究，並享譽全球之先驅開拓者喬治・謝拉，後來更有布萊恩・巴特拉姆與克萊格・派克等國際級專家接棒，整個計畫至今已持續五十幾年。其中，一九七八年派克接棒後，陸續發表通過同行審查、並刊登於著名期刊之論文四十五篇以上，全部超過五十年的研究計畫，完整記錄該地區每一頭獅子樣貌（這幾年加上遺傳基因定序），以及獅群家族族譜。這樣的澈底研究不只讓塞倫蓋堤大草原獅群蜚聲國際、大大有助於保障當地獅群安全，其所累積大量數據也能作為非洲其他國家獅群保育之參考。

其次是斯堪地那維亞半島棕熊研究。七〇年代學者專家發現棲息在瑞典挪威邊境山區的棕熊族群數量銳減，有滅絕之虞，於是自一九七八年展開大規模保育計畫，至今已二十九年。該計畫目前主持人是容・史溫遜與容・阿爾尼摩教授，整合數個大學的資源，到二〇一四年為止已發表國際性論文一百七十九篇（每年六篇），出書十三本，團隊產生碩博士論文八十篇（博論十七篇），成果驚人。這個團隊累積非常龐大的棕熊生態保育管理基礎資料，並建言政府諸多具體對策措施，貢獻卓著，還大量培訓棕熊研究人員，提供碩博士學程與博士後研究名額，吸引許多開發中國家留學生前來就讀。史溫遜教授曾數度來日本分享斯堪地那維亞半島棕熊保育經驗，阿爾尼摩教授則和筆者以及其他日本專家共同研究日本黑熊生理課題。該研究計畫視野極廣，規模與資源龐大以及對於教育之貢獻，日本瞠乎其後，有太多值得學習之處。

日本也有之前任職於NPO「知床財團」的山中正實先生，與北海道大學副教授下鶴倫人，其針對知床半島世界自然遺產地區之棕熊進行長期動態研究。日本黑熊方面，星野旅館集團旗下旅遊導覽企業Picchio公司研究員玉谷宏夫先生，與輕井澤町公所小山克己先生等人展開黑熊移動軌跡調查研究，累積相當多珍貴資料。

由上述塞倫蓋提獅群與斯堪地那維亞棕熊研究可知，固定據點長期研究能建立野生動物保育管理資料，不僅有助於當地野生動物保育管理，同時能提供其他地方參考。日本黑熊保育管理，不可能要求全國各主要黑熊棲地所在地之地方政府全部提供具規模人力、物力，合理做法是先集中力量設立一、兩個長期研究據點，取得可供其他地區黑熊保育管理參考之資料。就此而言，知床財團NPO與民間企業所完成固定據點的長期研究彌足珍貴。當然，NPO長期定點研究須投入相當大經費與人力，值得社會大眾支持。

野鹿與山豬管理計畫對日本黑熊保育之影響

日本野鹿與山豬分布區域與族群數量持續擴大，已爲生態系帶來負面影響。例如，野鹿、山豬大量攝食改變植被，有人認爲這也會減少日本黑熊食物來源，具體狀況有待實證研究證明。

另外，中央政府近年來實施野鹿與山豬管理計畫，全國性獵殺以控制野鹿與山豬數量，這部分也對日本黑熊造成影響。

首先是獵殺後屍體處置，野鹿肉在日本食用價值遠低於山豬肉，故獵殺後多棄置於現場。爲避免屍體成爲其他動物的食物或破壞衛生環境，中央政府建議地方掩埋。但有些地方土質過硬挖坑不易，只好露天棄放。這類動物屍體對於日本黑熊是天上掉下來的美食，因捕殺被淺埋的野鹿屍體常被黑熊挖出，並大快朵頤。

前述，日本黑熊營養狀態（一年不同時期的體脂肪儲量）以秋季最優，夏季最差。筆者學術捕捉之黑熊幾乎都選夏季，主要也是此時黑熊瘦骨嶙峋且體力不佳，較易操作。反之，除非堅果歉收年，秋季黑熊通常肥大有力，學術捕捉難度大大提高。

若食物匱乏之夏季吃得到營養價值非常高的鹿肉，情況是否會改變？研究人員難以控制鹿的屍體多寡之變數，這是無法呈現「重現性」的事項變化，不過筆者觀察發現，政府射殺過多野鹿，原本夏天瘦巴巴的黑熊這幾年變得肥壯，尤其公熊BCI身體狀態指數（Body ConditionIndex，體重與體長等量測值所呈現個體身體狀態）更是明顯改變。可能有必要利用穩定同位素比值等重現黑熊食物履歷，黑熊如能吃到多出來的鹿肉，營養狀況應該會改善吧？

進一步推論，意外吃到大量鹿肉的日本黑熊營養改善之後死亡率是否會降低，母熊繁殖率是否提高，我想答案是肯定的。也因此可預料，若政府繼續政策獵殺野鹿，日本黑熊族群數量與分布區域將同步擴大。

另外，政府捕捉過多野鹿與山豬造成另一種黑熊困境，那就是不論鋼索陷阱（山豬吊）還是箱型陷阱（捕山豬爲主），都常見黑熊誤闖而「被捕」。

以鋼索陷阱爲例，踏板鋼索環若直徑小於十二公分，黑熊即使誤踩也不會中獎。但有些陷阱設置者未遵守這項原則，或者即使索環直徑小於十二公分，若幼熊誤入也可能中招。這幾年許多地方政府擴編捕獲黑熊、進行野化訓練，但預算有限，多出來「誤捕」的黑熊，其麻醉、解繩套、療傷與野放等作業經費並無著落，追加預算是一大困擾。更何況黑熊大量捕獲，爲被捕動物解套的過程中，發生黑熊瘋狂攻擊人員導致受傷的案例層出不窮，保育管理人員安全備受威脅。

誤中山豬吊的黑熊有的自己咬斷手腳，有的掙扎過程中折斷手腳，故西日本山區因此出現許多「三腳黑熊」。

至於專門捕山豬的箱型陷阱，若有熊誤入也不會掙脫而斷四肢，但保育員在進行麻醉與野放的過程中，被脫逃的熊攻擊因此受傷的案例卻時有所聞。

黑熊爲何能脫逃？主要是有些地方政府原本是要捉山豬，故在陷阱頂端加設開口，方便會攀爬的黑熊逃離。不過，意外的是有些聰明黑熊會反覆來吃誘餌，掉進陷阱後再自行爬出，下次又「重施故技」。問題是，「補充誘餌」的保育員不小心當場撞上黑熊，會不會有難以收拾之危險？這是目前須克服的問題之一。

前述NPO「知床財團」員工、後來任職知床博物館的山中正實先生，與私人企業「野生動物保護管理事務所」關西分公司職員片山敦司先生，參與日本哺乳類學會熊類保育管理部門SOP研究，發表一套誤中陷阱之黑熊救助與野放SOP，其中有各項可避免保育員受傷之操作指引[3]。這套指引強調遵照該SOP操作「絕對可避免發生事故」，但地方政府保育員大多欠缺實務經驗，操作難免提心吊膽。

總之，政府捕捉過剩野鹿與山豬須擬定黑熊誤入陷阱的解決方案，才不會顧此失彼、造成另一個問題。

4　如何避免黑熊傷人事件一再發生

野生動物保育管理工作之中，黑熊殺人是特殊且迫切的課題之一。過去幾年黑熊突然大量出沒，有時一年內發生高達一百件黑熊傷人事故，有些甚至造成民眾死亡。

日本黑熊巨大，只要牠們棲息日本就不可能完全不發生黑熊殺人事件，就像大量車子上路不可能零車禍。只不過，應該有辦法儘量避免黑熊殺人事件，尤其如何防止駭人聽聞的「黑熊吃人兇殺案」，更是重中之重。畢竟任何黑熊兇殺案都會震撼全國，不只極度惡化民眾的黑熊觀感，官方民間的黑熊保育管理工作也會遭遇嚴重阻礙。

重點在於記取教訓，防範類似事故再度發生。但問題是，黑熊殺人依照日本社會做法，警方顧及死者遺族感受，通常不會向媒體披露偵辦細節，因此，熊類研究專家學者也無法掌握要領，並提出對策。

而且，這類罕見「兇殺案」的現場，欲了解案情的單位特別多，至少就有警察、消防、都府縣鄉鎮市（可能跨區）、森林管理署、獵友會、醫療機構，各單位記錄他們所想了解的內容，卻無任何人統整資訊，事後學者專家想研究也只能瞎子摸象，難以掌握全貌。畢竟到場了解案情的單位各不隸屬，難以一紙公文要求所有單位交出資料。資料無共享、無整合，時日一久極易散逸，加上人員異動與退休，口頭詢問不得其門而入，甚至繼任者也不知資料存放何處。

二〇一六年東北地方連續發生黑熊殺人事件，政府機關動員人力介入調查，缺乏橫向聯繫，各單位都不知道對方取得哪些資料，有誰採到行兇黑熊的檢體，或是死者遇害前的行動細節等，相關有助於防範事故再度發生的資訊也無彙整，無法據以制定有效對策，讓事故不再發生。

發生駭人聽聞的熊吃人兇案，驚動整個地區可以理解，慌亂之中地方政府局處主管官員不知所措，面對蜂擁到命案現場的媒體與相關機關單位，不知如何主導調查工作、管控場面。爲避免類似亂象再度發生，中央政府應建立熊殺人命案之地方政府處置SOP，包含成立協調會，調查工作相關政府部門應如何協調分工等，都應仔細規範。這些SOP也應列入地方政府常態制定的日本黑熊保育管理計畫，確保計畫中有黑熊專家學者編制。若地方政府員工無此專業，須不嫌麻煩地對外專案招聘。然後須注意，命案現場調查成員須包含專門採集行兇黑熊的基因檢體、並進行基因定序的專業人員。

日本熊類保育聯盟二〇一一年編製黑熊襲擊人類調查報告摘要，以及類似事故防範手冊[4]。主編者是前述「野生動物保護管理事務所」（民間企業）員工片山敦司，他盡心盡力蒐集、彙整必要之資料，淺顯易懂地羅列各種行動SOP，內容也許無法完全覆蓋各地方政府所需，有些可能多餘，或漏了列入某些地區特殊狀況與對策等，但基本上有一定完整度，可作爲各地方政府防範類似事故之行動準則。該手冊完成後廣泛郵寄贈送境內有日本黑熊的都道府縣相關局處，不過似乎不是所有地方政府黑熊保育官員都給予重視，有些手冊可能直接被丟進資料櫃無人翻閱。這是非常可惜的狀況，其實應該讓更多人看到這本精心製作的手冊才對。

黑熊行兇事件最重要的是查明原因，確認「兇手」是誰。一旦行兇可能再犯，吃人之熊須儘速逮捕，否則後果不堪設想。

至於黑熊行兇事件如何避免發生，我想有如下之對策。首先民眾應儘量避免接觸或遭遇野生黑熊。過去黑熊行兇事件主要有兩種狀況，一種是民眾在山區或山腳下自家社區附近遭遇黑熊；另一種是上山工作、遊樂或爬山碰到黑熊。安全之道首先須避免遭遇黑熊，根本方法是不可「引熊入室」。例如，登山帳蓬食物沒收好，社區內外成熟水果沒採收乾淨，都容易吸引黑熊靠近。容易掩護黑熊進入社區的村外矮樹叢須清除乾淨，必要時架設通電柵欄。上山工作或休閒的人，應事先查詢目標地點近日是否有熊出沒，並攜帶避熊鈴等警告熊附近有人類。當然，垃圾中不可有食物殘渣，否則氣味會吸引熊靠近。

然後，若突然遭遇黑熊怎麼辦？路上遇到暴徒或家中闖入歹徒，一般人難免驚慌失措。常在山上追蹤黑熊的筆者突然遇上黑熊，也曾因反射動作拔腿就跑（但其實這是不正確做法。野生黑熊和野狗一樣看到人類逃跑，會更亢奮地追咬上去）。當然上山我都會攜帶驅熊辣椒噴劑，有幾次派上用場，但有時一緊張還是會忘記掏出來使用。

已有眾多媒體披露各種遭遇熊襲時，其正確的應對方法，因非本書重點，細部做法茲不詳述。此議題相關書籍日本多有出版，如加拿大熊類研究專家史蒂芬・赫雷羅

（Stephen Herrero）教授所著《熊襲》（Bear Attacks），目前已有日譯版。

野外遭遇黑熊的基本觀念是，黑熊其實也怕人，牠們攻擊人主要是出於「自衛」。因此，碰到黑熊首要注意事項是不刺激其情緒、靜靜後退，不可蹲低，最好站直身體舉起手中器物，讓自己看起來更「巨大」。黑熊的習性是，要進攻還是開溜，端視對手「大小」而定，若對手巨大，打架無勝算牠們就會後退。實際情況是，很多人彎腰工作（採山菜等）突然被黑熊襲擊。因蹲低時看起來只有一半大，黑熊自然不怕，老人容易遇襲也是相同道理。前述熊類研究專家赫雷羅發現，人類蹲低並和黑熊四目相對，容易誘發黑熊攻擊。

接下來，萬一遭遇黑熊正面攻擊該如何保護自己？是退守保護自己頭部、顏面與脖子，還是全力反擊，也攻擊熊的弱點？這部分沒有標準答案。婦女兒童力氣小，不足以攻擊黑熊，只能防禦；健壯成年男子未必不能與黑熊搏鬥，只是日本黑熊雖稱不上巨大，但殺傷力還是很大，完全不可低估。過去熊攻擊案件調查報告顯示，受害者被攻擊最明顯部位是顏面，熊爪銳利刺進顏面又扒開，慘不忍睹。決定是否正面與熊搏鬥，應注意這個問題。

即使是二～三歲的年輕亞成熊，仍可能發狠而恐怖攻擊。黑熊喜怒表情不易判斷，正面遇到仍能感覺是否面露兇光。筆者長期研究、熟悉黑熊，曾主動靠近野外活動中的黑熊，爲提防黑熊發飆攻擊，緊張到極點。坦白講當時若黑熊發動攻擊，我恐怕也是會整個慌掉。總之，即使背誦遭遇黑熊的行動SOP，說不定當場還是會因驚慌而忘得精光。最佳辦法是儘量注意避免遇到黑熊。

結語

本書概要說明日本黑熊族群生存等現況，並呈現客觀數據，但面對近年來被捕殺有時一年數千頭，還是難免感到難過。有的黑熊繫掛衛星頸圈已追蹤十年，卻傳來攻擊人類被射殺的惡耗，那眞是晴天霹靂。被「處死」的黑熊我也無法上山收拾，頂多期待有關單位將頸圈、標示牌或晶片寄還給我。這種狀況這幾年已遭遇多起，備感痛心。因此，若有些頸圈脫落但植有晶片的黑熊突然「失聯」，我就知道凶多吉少。晶片非常小，獵殺「凶熊」的人通常不會注意到，因此我也不會收到通知。多年來筆者學術捕捉繫放的黑熊不在少數，一貫只做編號而不給暱稱、小名等，其實也是爲了減輕繫放熊被獵殺憾事時的悲痛。

本書指出日本黑熊族群急速擴大，中央與地方應實施更精準的黑熊分布管理，有些地區已劃設若黑熊出現則格殺勿論之紅線，筆者也有黑熊被獵殺數目劇升之心理準備。當然，黑熊遭射殺慘劇不斷，代表仍有許多保育管理工作得持續推動，例如，須確保深山黑熊核心族群擁有良好的生存環境，以及淺山地區民眾如何團結防範黑熊入侵社區。然後，公部門射殺黑熊不可草草掩埋或焚燒，而應記錄其生理特徵，必要時採集檢體進行基因定序。總是要給日本黑熊保育管理工作一些參考，否則眾多「熊命」喪生太不值得。

多年來進行日本黑熊研究，筆者衷心期盼去除其神祕面紗，讓更多民眾了解野生黑熊習性等。身爲研究者，筆者抱持客觀合理之黑熊保育管理觀點，不贊同極端「去黑熊化」或「黑熊絕不容獵殺」的立場。從某個層面來看，極端除去與極端保護熊的主張，兩者對於野生黑熊保育管理皆有害。但從另一個角度來看，也可以說正因爲日本輿論有「黑熊看到都該殺」與「不容動黑熊一根毛」的極端主張彼此拉鋸，才凸顯學者中道研究之可貴。當然，民眾對黑熊的看法動態變化，只憑腦中想像黑熊的人，和看過巨大黑影甚至正面撞上黑熊的人，兩者對黑熊的看法可能完全不同。前者感覺美好，後者卻心生恐懼。山區民眾與登山客被黑熊「嚇過」的人，確實較難心平氣和支持學者的保育管理主張。倒是，筆者多年研究意外發現，奧多摩淺山黑熊族群早在村落外圍活動，卻能不引起居民注意地悄然來去。筆者認為應讓當地居民了解此事，大家一起思考阻止黑熊靠近村落的辦法，或許能未雨綢繆避免令人遺憾的人熊衝突。

我們可以這樣看待山地森林：走在可能出現黑熊這類大型野生動物的森林小路難免緊張，但卻也更有樂趣。反之，如果森林生態系一環的日本黑熊不見了，森林魅力將大大降低。除了蓊鬱參天大樹，越深山越需要有黑熊等動物棲息，才更有「森林」況味。畢竟山區森林和都市公園樹林不同，正是因為前者生活著黑熊等野生動物。總之，日本黑熊是山林不可或缺的一員，最好不要有覺得日本黑熊只會製造麻煩、是個累贅的想法。

本書介紹或提及的日本黑熊研究專家，其研究日本黑熊的方法與貢獻，大大鼓舞了筆者，從中學會各種黑熊保育管理等觀念做法，而且好幾位不吝分享其所蒐集的黑熊資訊，乃至於研究成果，令我銘感五內，但因人數眾多，無法在此一一唱名答謝。另外，筆者長期駐點奧多摩山區與日光足尾山區，進行日本黑熊活動模式及生態研究，這項團隊工作需眾多夥伴長期參與協助。非常感謝團隊的專家學者稅所功一先生、澤井謙二先生、森廣信子小姐、小池伸介先生、葛西信輔先生、後藤優介先生、小坂井千夏小姐、有本勳先生、根本唯先生、中島亞美小姐、梅村佳寬先生、藤原紗那小姐、橫手里美小姐、川村芙友美小姐、竹下和貴先生、小松鷹介先生、中島晶子小姐、小林和樹先生、古坂志乃先生、原口拓也先生、長沼知子小姐、正木隆先生、坪田敏男先生、小川羊先生。本書並非專案學術研究著作，無法詳細說明這兩個日本黑熊駐點研究成果，有興趣的讀者可參考團隊成員所發表之論文。

本書大量引用日本熊類保育聯盟調查報告等資料，在此也要致上最高謝意。這個聯盟不擅長自我宣傳，一般民眾不太了解他們的貢獻，但事實上他們做了非常多工作，而且成員全部不支薪，長期投注大量人力、物力，令人佩服感動。

東京大學出版會編輯部編輯光明義文先生，於二〇一一年推出系列熊類研究專著，承蒙光明先生厚愛本書得以從科普與環境教育的角度，利用東大出版社這個優異平台對日本社會發聲，深感榮幸。最近一、兩年陸續發生黑熊殺人事件，震撼社會，不少出版社急就章推出黑熊書籍，光明先生卻不爲所動，緩步紮實完成本書，展現令人佩服的出書眞功夫。

最後，筆者要特別致敬於二〇一五年進行日本黑熊田野調查時，猝逝的「野生動物管理事務所」關西分公司研究員片山敦司先生。本書很多內容是片山先生參與調查研究的成果。片山先生全力投入黑熊保育管理、貢獻卓著，在此除了追悼他的英年早逝，也表達筆者發自內心的深深謝忱。

二〇一七年六月於秋田縣北秋田市阿仁

山崎晃司

後記

台灣黑熊保育協會是全世界第一個、也是唯一爲保育瀕臨絕種台灣黑熊而設置的非營利民間組織。協會自二〇一〇年成立以來，即致力透過研究、教育、公益三個範疇，來提升國內台灣黑熊的保育水準。

野生動物保育是基於生態學、遺傳學等生物學理論知識，透過保育經營管理、保育醫學、復育等方法與途徑，來阻止物種滅絕的多領域、多學科交叉的複雜工作。保育經常要面對政治、經濟、社會等因素的衝突與挑戰，這在大型食肉動物如黑熊的保育上尤其明顯。世界各地的保育學家不斷在尋求可持續的操作方法，也累積了很多的研究成果與實務經驗。因此協會規劃了一系列野生動物保育科學的科普書籍出版，系統性地介紹給國內關心野生動物保育的民眾。本書是首波的嘗試，歡迎讀者指教。

最後，特別感謝屏科大野生動物保育研究所的鈞皓、宥安、筱晴、子維、凡儀、昱嘉、詩婷、合頡、竹萱，對本書專有名詞的校閱提供了莫大的幫助。

引用文献

[第1章]

1) Garshelis, D. L., Steinmetz, R. (IUCN SSC Bear Specialist Group). 2008. *Ursus thibetanus*. The IUCN Red List of Threatened Species 2008: e.T22824A9391633. http://dx.doi.org/10.2305/IUCN.UK.2008.RLTS.T22824A9391633.en
2) Wozencraft, W. C., Hoffmann, R. S. 1993. How the bears come to be. pp. 14–22. *In* Stirling, I. (ed.) Bears Majestics Creatures of the Wild. Rodale Press, Pennsylvania.
3) Mclellan, B., Reiner, D. C. 1994. A review of bear evolution. International Conference on Bear Research and Management 9 (1): 85–96.
4) Derocher, A. E., Lynch, W. 2012. Polar Bears: A Complete Guide to Their Biology and Behavior. The Johns Hopkins University Press, 249 pp., Baltimore.（邦訳：ホッキョクグマ――生態と行動の完全ガイド．2014．坪田敏男・山中淳史［監訳］．東京大学出版会）
5) Shaw, C. A., Cox, S. M. 1993. The ginat short-faced bear. pp. 22–23. *In* Stirling, I. (ed.) Bears Majestics Creatures of the Wild. Rodale Press, Pennsylvania.
6) Donohue, S. L., DeSantis, L. R. G., Schubert, B. W., Unger, P. S. 2013. Was the giant short-faced bear a hyper-scavenger? A new

approach to the dietary study of Usids using dental microwear textures. PLoS ONE 8 (10): e77531 DOI: 10.1371/journal.pone.0077531.

7) Krause, J., Unger, T., Noçon, A., Malaspinas, A.-S., Kolokotronis, S.-O., Stiller, M., Soibelzon, L., Spriggs, H., Dear, P. H., Briggs, A. W., Bray, S. CE., O'Brien, S. J., Rabeder, G., Matheus, P., Cooper, A., Slatkin, M., Pääbo, S., Hofreiter, M. 2008. Mitochondrial genomes reveal an explosive radiation of extinct and extant bears near the Miocene-Pliocene boundary. BMC Evol. Biol. 2008; 8: 220. DOI: 10.1186/1471-2148-8-220.

8) Garshelis, D. L., Crider, D., van Manen, F. (IUCN SSC Bear Specialist Group). 2008. *Ursus americanus*. The IUCN Red List of Threatened Species 2008: e.T41687A10513074. http://dx.doi.org/10.2305/IUCN.UK.2008.RLTS.T41687A10513074.en

9) Stains, H. J. 1975. Distribution and taxonomy of the Canidae. pp. 3-26. *In* Fox, M. W. (ed.) The Wild Canids: Their Systematics, Behavioural Ecology and Evolution. Van Nostrand Reinhold, New York.

10) 石原明子（トラフィックジャパン）. 2005. クマを飲む日本人——クマノイ（熊の胆）の取引調査. トラフィックイーストアジアジャパン, 98 pp., 東京.

11) Philip, T., Philip, W. (eds.). 2002. The Bear Bile Business: The Global Trade in Bear Products from China to Asia and Beyond (11). World Society for the Protection of Animals, 248 pp., UK.

12) 日本クマネットワーク（編）. 2007. アジアのクマたち——その現状と未来. 日本クマネットワーク, 146 pp., 茨城.

13) Wilson, D. E., Mittermeier, R. A. 2009. Handbook of the Mammals of the World. 1. Carnivores. Lynx, 727 pp., Barcelona.

14) Yudin, V. G. 1993. The Asian black bear. pp. 487-491. *In* Vaisfeld, M. A., Chestin, I. E. (eds.) Bears, Brown Bear, Polar Bear, Asian Black Bear, Distribution, Ecology, Use and Protection. Nauka, Moscow.

15) Ohnishi, N., Uno, R., Ishibashi, Y., Tamate, H. B., Oi. T. 2009. The influence of climatic oscillations during the Quaternary Era on the

genetic structure of Asian black bears in Japan. Heredity 102: 579-589.
16) 高桒祐司・姉崎智子・木村俊之．2007．群馬県上野村不二洞産のヒグマ化石．群馬県立自然史博物館研究報告（11): 63-72.
17) Matsuhashi, T., Masuda, R., Mano, T., Yoshida, M. C. 1999. Micro-evolution of the mitochondrial DNA control region in the Japanese brown bear（*Ursus arctos*）population. Mol. Biol. Evol. 16 (5): 676-684.
18) 長谷川善和・岡部 勇・宮崎重雄・高桒祐二・木村敏之．2013．群馬県桐生市蛇留淵洞から産出したトラとニホンザル化石．群馬県立自然史博物館研究報告（17): 55-60.
19) 長谷川喜和・金子浩昌・橘麻紀乃・田中源吾．2011．日本における後期更新世～前期完新世産のオオヤマネコ *Lynx* について．群馬県立自然史博物館研究報告（15): 43-80.
20) Koike, S. 2006. Historical status of Asiatic black bear, *Ursus thibetanus*, in Japan. Proceedings of the 17th International Conference on Bear Research and Management. International Association for Bear Research and Management, 75 pp., Ibaraki.
21) 小宮輝之．2008．上野動物園のクマ飼育史．pp. 228-253．松永澄夫（編）環境——文化と政策．東信堂，東京
22) 斉藤正恵．2008．白いけもの考（3）〈特別寄稿〉しろいツキノワグマ「パンダ」のご紹介．信州ツキノワグマ通信（42): 11.
23) Galbreath, G. J., Hean, S., Montgomery, S. M. 2000. A new color phase of *Ursus thibetanus*（Mammalia: Ursidae）from Southeast Asia. Natural History Bulletin of the Siam Society 49: 107-111.
24) Aramilev, V. A. 2006. The conservation status of Asiatic black bears in the Russian Far East. pp. 86-89. *In* Japan Bear Network（compiler）Understanding Asian Bears to Secure Their Future. Japan Bear Network, Ibaraki.
25) 小松武志・坪田敏男・岸本真弓・濱崎伸一郎・千葉敏郎．1994．雄ニホンツキノワグマ（*Selenarctos thibetanus japonicus*）における性成熟と精子形成にかかわる幹細胞．Journal of Reproduction and Development 40: 65-71.

26）片山敦司・坪田俊男・山田文雄・喜多 功・千葉敏郎．1996．ニホンツキノワグマ（*Selenarctos thibetanus japonicus*）の繁殖指標としての卵巣と子宮の形態学的観察．日本野生動物医学会誌 1: 26-32.
27）山本かおり・坪田俊男・喜多 功．1998．飼育条件下におけるニホンツキノワグマ（*Ursus thibetanus japonicus*）の性行動の観察．Journal of Reproduction and Development 44: 13-18.
28）坪田敏男．2011．クマの保全医学——麻酔・繁殖・感染症．pp. 265-285．坪田敏男・山﨑晃司（編）日本のクマ——ヒグマとツキノワグマの生物学．東京大学出版会，東京．
29）Yamamoto, T., Tamatani, H., Tanaka, J., Kamiike, K., Yokoyama, S., Koyama, M., Kajiwara, M. 2013. Multiple paternity in Asian black bear *Ursus thibetanus* (Ursidae, Carnivora) determined by microsatellite analysis. Mammalia 77: 215-217.
30）坪田敏男・溝口紀泰・喜多 功．1998．ニホンツキノワグマ *Ursus thibetanus japonicus* の生態と整理に関する研究．日本野生動物医学会誌 3: 17-24
31）Sato, M., Nakano, N., Tsubota, T., Komatsu, T., Murase, T., Kita, I., Kudo, T. 2000. Changes in serum progesterone, estradiol-17β, luteinizing hormone and prolactin in lactating and non-lactating Japanese black bears (*Ursus thibetanus japonicus*). Journal of Reproduction and Development 46: 301-308.
32）片山敦司・坪田俊男・山田文雄・喜多 功・千葉敏郎．1996．ニホンツキノワグマ（*Selenarctos thibetanus japonicus*）の繁殖指標としての卵巣と子宮の形態学的観察．日本野生動物医学会誌 1: 26-32.
33）坪田敏男．1998．哺乳類の生物学③生理．東京大学出版会，125 pp.，東京．
34）Gilbert, B. K. 1999. Opportunities for social learning in bears. pp. 225-235. *In* Hilary. O. (ed.) Mammalian Social Learning. Cambridge University Press, Cambridge.
35）Mazur, R., Seher, V. 2008. Socially learned foraging behaviour in wild black bears, *Ursus americanus*. Animal Behaviour 75 (4): 1503-1508.

36）坂田宏志・岸本康誉・太田海香・松本 崇. 2014. ツキノワグマの個体群動態の推定. 兵庫ワイルドライフレポート 2: 93-109.
37）坂田宏志・岸本康誉・関香菜子. 2012. イノシシ個体群動態の推定. 兵庫ワイルドライフレポート 1: 44-55.
38）坂田宏志・岸本康誉・関香菜子. 2012. ニホンジカの個体群動態の推定と将来予測（兵庫県本州部 2011 年）. 兵庫ワイルドライフレポート 1: 1-16.
39）自然環境研究センター. 2005. ツキノワグマの大量出没に関する調査報告書（平成 16 年度ツキノワグマ個体群動態等調査事業）. 自然環境研究センター, 115 pp., 東京.
40）姉崎智子. 2014. 群馬県において捕獲されたツキノワグマの性別と年齢——大量出没年と平常年の比較. 群馬県立自然史博物館研究報告（18): 197-201.
41）丸山哲也. 2006. 栃木県におけるツキノワグマ捕獲個体の分析. 野生鳥獣研究紀要 32: 1-15.
42）落合啓二. 2016. ニホンカモシカ——行動と生態. 東京大学出版会, 276 pp., 東京.
43）Hwang, M. H., Garshelis, D. L. 2007. Activity patterns of Asiatic black bears（*Ursus thibetanus*）in the Central Mountains of Taiwan. Journal of Zoology 271: 203-209.
44）羽澄俊裕. 2000. クマ——生態的側面から. pp. 187-212. 川道武男・近藤宣昭・森田哲夫（編）冬眠する哺乳類. 東京大学出版会, 東京.
45）Kozakai, C., Yamazaki, K., Nemoto, Y., Nakajima, A., Koike, S., Kaji, K. 2009. Behavioral study of free-ranging Japanese black bears. II. How does bear manage in a food shortage year? FFPRI Scientific Meeting Report 4 “Biology of Bear Intrusions”, pp. 64-66.
46）瀧井暁子・泉山茂之・河合亜矢子・林 秀剛・木戸きらら・小平貴則・細川勇記. 2012. 長野県における GPS 首輪を用いたツキノワグマの冬眠場所の特定. 日本哺乳類学会 2012 年度大会プログラム・講演要旨：211.
47）坪田敏男. 2011. クマの生物学——クマという生きもの. pp. 1-34. 坪田敏男・山﨑晃司（編）日本のクマ——ヒグマとツキノワグマの生物学. 東京大学出版会, 東京.

48) Yamamoto, T., Tamatani, H., Tanaka, J., Oshima, G., Mura, S., Koyama, M. 2015. Abiotic and biotic factors affecting the denning behaviors in Asiatic black bears *Ursus thibetanus*. Journal of Mammalogy DOI: http://dx.doi.org/10.1093/jmammal/gyv162
49) 坪田敏男・山本かおり・片山敦司・溝口紀泰・小松武志・源 宣之・喜多 功・千葉敏郎. 1994. ラジオトラッキングによるツキノワグマ（*Selenarctos thibetanus japonicus*）の行動圏と日周行動の推定および生息地の評価. 平井克哉（編）中部山岳地帯における野生動物の生態と病態からみた環境汚染に関する研究. 平成5年度科学研究費補助金 試験研究A（課題番号03506001）研究報告書, pp. 408-428, 岐阜.
50) 羽澄俊裕・小山克己・長縄今日子・釣賀一二三. 1997. 大型哺乳類とその保護. Ⅲ. ツキノワグマ. pp. 453-469. 神奈川県公園協会・丹沢大山自然環境総合調査団企画委員会（編）丹沢大山自然環境総合調査報告書. 神奈川県環境部, 神奈川.
51) Huygens, O. C., Hayashi, H. 2001. Use of stone pine seeds and oak acorns by Asiatic black bears in central Japan. Ursus 12: 47-50.
52) Kozakai, C. *et al.*（投稿中）.
53) 岸元良輔. 2006. 里山と大型哺乳類――特にツキノワグマについて. 長野県環境保全研究所研究プロジェクト成果報告 5: 67-70.
54) 山﨑晃司・森広信子・税所功一・安武愛子・櫻澤利明・中 涼子・澤井謙二・古林賢恒. 1996. 多摩川集水域におけるツキノワグマの生態に関する研究. 財団法人とうきゅう環境浄化財団環境研究助成報告書, 67 pp., 東京.
55) Izumiyama, S., Shiraishi, T. 2004. Seasonal changes in elevation and habitat use of the Asiatic black bear（*Ursus thibetanus*）in the Northern Japan Alps. Mammal Study 29: 1-8.
56) Hashimoto, Y. 2003. An ecological study of the Asiatic black bear in the Chichibu Mountains with special reference to food habits and habitat conservation. Doctoral Dissertation, University of Tokyo, Tokyo.
57) Yamazaki, K., Kozakai, C., Kasai, S., Goto, Y., Koike, S., Furubayashi, K. 2008. A preliminary evaluation of activity sensing GPS collars for estimating daily activity patterns of Japanese black bears. Ursus 19 (2): 154-161.

58) Furubayashi, K., Hirai, K., Ikeda, K., Mizoguchi, T. 1980. Relationships between occurrences of bear damage and clearcutting in central Honshu, Japan. International Conference on Bear Research and Management 4: 80-84.

59) Watanabe, H. 1980. Damage to conifers by the Japanese black bear. International Conference on Bear Research and Management 4: 67-70.

60) 吉田 洋・林 進・堀内みどり・坪田敏男・村瀬哲磨・岡野 司・佐藤美穂・山本かおり．2002．ニホンツキノワグマ（*Ursus thibetanus japonicus*）によるクマハギの発生原因の検討．哺乳類科学 42(1): 35-43.

61) Yamazaki, K. 2003. Effects of pruning and brush cleaning on debarking within damaged conifer stands by Japanese black bears. Ursus 14: 94-98.

62) 小池伸介・正木 隆．2008．本州以南の食肉目3種による木本果実利用の文献調査．日本森林学会誌 90: 27-36.

63) Koike, S., Kasai, S., Yamazaki, K., Furubayashi, K. 2007. Fruit phenology of *Prunus jamasakura* and the feeding habit of the Asiatic black bear as seed disperser. Ecological Research DOI: 10.1007/s11284-007-0399-3.

64) Naoe, S., Tayasu, I., Sakai, Y., Masaki, T., Kobayashi, K., Nakajima, A., Sato, Y., Yamazaki, K., Kiyokawa, H., Koike, S. 2016. Mountain climbing bears save cherry species from global warming by their vertical seed dispersal. Current Biology 26 (6): 315-316.

65) Nakajima, A., Masaki, T., Koike, S., Yamazaki, K., Kaji, K. 2015. Estimation of tree crop size across multiple taxa: generalization of a visual survey method. Open Journal of Forestry 5: 651-661.

66) Nakajima, A., Koike, S., Masaki, T., Shimada, T., Kozakai, C., Nemoto, Y., Yamazaki, K., Kaji, K. 2012. Spatial and elevational variation in fruiting phenology of a deciduous oak and foraging behavior of Asiatic black bear (*Ursus thibetanus*). Ecological Research 27: 529-538.

67) Kozakai, C., Yamazaki, K., Nemoto, Y., Nakajima, A., Koike, S., Abe, S., Masaki, T., Kaji, K. 2011. Effect of mast production on home

range use of Japanese black bears. Journal of Wildlife Management 75 (4): 867-875.

68) Koike, S., Kozakai, C., Nemoto, Y., Masaki, T., Yamazaki, Y., Abe, S., Nakajima, A., Umemura, Y., Kaji, K. 2012. Effect of hard mast production on foraging and sex-specific behavior of the Asiatic black bear (*Ursus thibetanus*). Mammal Study 37: 21-28.

69) 根本 唯・小坂井千夏・山﨑晃司・小池伸介・中島亜美・郡 麻里・正木 隆・梶 光一. 2016. ブナ科堅果結実量の年次変動にともなうツキノワグマの秋期生息地選択の変化. 哺乳類科学 56 (2): 105-115.

70) 大井 徹・中下留美子・藤田昌弘・菅井強司・藤井 猛. 2012. 西中国山地のツキノワグマの食性の特徴について. 哺乳類科学 52 (1): 1-13.

71) Oka, T., Miura, S., Masaki, T., Suzuki, W., Osumi, K., Saitoh, S. 2004. Relationship between changes in beechnut production and Asiatic black bears in northern Japan. Journal of Wildlife Management 68 (4): 979-986.

72) Oka, T. 2006. Regional concurrence in the number of culled Asiatic black bears, *Ursus thibetanus*. Mammal Study 31 (2): 79-85.

73) Furusaka, S., Kozakai, C., Nemoto, Y., Umemura, Y., Naganuma, T., Yamazaki, K., Koike, S. 2017. The selection by Asiatic black bear (*Ursus thibetanus*) of spring plant food items according to their nutritional values. ZooKeys 672: 121-133.

74) Yamazaki, K., Kozakai, C., Koike, S., Morimoto, H., Goto, Y., Furubayashi, K. 2012. Myrmecophagy of Japanese black bear in the grasslands of the Ashio area, Nikko National Park, Japan. Ursus 23 (1): 52-64.

75) Fujiwara, S., Koike, S., Yamazaki, K., Kozakai, C., Kaji, K. 2013. Direct observation of bear myrmecophagy: relationship between bears' feeding habits and ant phenology. Mammalian Biology 78 (1): 34-40.

76) 安江悠真・青井俊樹・國崎貴嗣・原科幸爾・高橋広和・佐藤愛子. 2015. 夏期のツキノワグマによる針葉樹林の利用とアリ類の営巣基質としての枯死材との関係. 哺乳類科学 55 (2): 133-144.

77）Kozakai, K., Yamazaki, K., Nemoto, Y., Nakajima, A., Umemura, Y., Koike, S., Goto, Y., Kasai, S., Abe, S., Masaki, T., Kaji, K. 2013. Fluctuation of daily activity time budgets of Japanese black bears: relationship to sex, reproductive status, and hardmast availability. Journal of Mammalogy 94（2）: 351–360.

78）羽澄俊裕・丸山直樹・水野昭憲・鳥居春巳・米田一彦．1985．ツキノワグマの栄養診断．森林環境の変化と大型野生動物の生息動態に関する基礎研究．環境庁自然保護局，pp. 80–84，東京．

79）岐阜県林政部自然環境保全課．1995．岐阜県ツキノワグマ個体群指標調査報告書．岐阜県林政部，35 pp.，岐阜．

80）山中淳史．2011．捕殺個体を利用したニホンツキノワグマ（*Ursus thibetanus japonicus*）の栄養状態および繁殖評価方法に関する研究．73 pp.，北海道大学博士学位論文，札幌．

［第 2 章］

1）篠原 徹．2010．環境民俗学からみた人びとの暮らし．pp. 67–81．池谷和信（編）日本列島の野生生物と人．世界思想社，京都．

2）環境省生物多様性センター．2004．種の多様性調査——哺乳類分布調査報告書．環境省生物多様性センター，116 pp.，山梨．

3）日本クマネットワーク．2014．ツキノワグマおよびヒグマの分布域拡縮の現状把握と軋轢防止および危機個体群回復のための支援事業報告書．日本クマネットワーク，172 pp.，茨城．

4）Oka, T. 2006. Regional concurrence in the number of culled Asiatic black bears, *Ursus thibetanus*. Mammal Study 31（2）: 79–85.

5）環境省．2010．特定鳥獣保護管理計画作成のためのガイドライン（クマ編）．環境省，85 pp.，東京．

6）Kozakai, C., Yamazaki, K., Nemoto, Y., Nakajima, A., Koike, S., Kaji, K. 2009. Behavioral study of free-ranging Japanese black bears. II. How does bear manage in a food shortage year? FFPRI Scientific Meeting Report 4 “Biology of Bear Intrusions”, pp. 64–66.

7）中下留美子・後藤光章・泉山茂之・林 秀剛・楊 宗興．2007．窒素・炭素安定同位体によるツキノワグマ捕獲個体の養魚場ニジマス加害履歴の推定．哺乳類科学 47（1）: 19–23.

8) 山﨑晃司．2011．ツキノワグマの大量出没．UP 40 (8): 12-17.
9) Sakamoto, Y., Kunisaki, T., Sawaguchi, I., Aoi, T., Harashina, K., Deguchi, Y. 2009. A note on daily movement patterns of a female Asiatic black bear (*Ursus thibetanus*) in a suburban area of Iwate Prefecture, northeastern Japan. Mammal Study 34 (3): 165-170.
10) 有本 勲・岡村 寛・小池伸介・山﨑晃司・梶 光一．2104．集落周辺に生息するツキノワグマの行動と利用環境．哺乳類科学 54 (1): 19-31.
11) 水谷瑞希・多田雅充・高畑麻衣子・高柳 敦．2007．福井県におけるツキノワグマの行動調査．I．行動経過と集落等への接近事例．福井自然保護センター研究報告 12: 53-96.
12) 河合雅雄・林 良博．2009．動物たちの反乱．PHP 研究所，332 pp., 東京.
13) 小椋純一．2012．森と草原の歴史——日本の植生景観はどのように移り変わってきたのか．古今書院，343 pp., 東京.
14) 富山クマ緊急調査グループ・日本クマネットワーク．2005．富山県における 2004 年のツキノワグマの出没状況報告書．富山クマ緊急調査グループ・日本クマネットワーク，112 pp., 富山.
15) 日本野生生物研究センター．1992．ツキノワグマ保護管理検討委員会報告書．日本野生生物研究センター，61 pp., 東京.
16) 環境省自然環境局生物多様性センター．2011．平成 22 年度自然環境保全基礎調査——特定哺乳類生息状況調査および調査体制構築検討業務報告書．環境省自然環境局生物多様性センター，141 pp., 山梨.
17) 坂田宏志・岸本康誉・太田海香・松本 崇．2014．ツキノワグマの個体群動態の推定．兵庫ワイルドライフレポート 2: 93-109.
18) 山上俊彦．2014．階層ベイズ法によるクマ類生息個体数推定についての検討．日本福祉大学研究紀要——現代と文化 (130): 15-43.
19) Higashide, D., Miura, S., Miguchi, H. 2013. Evaluation of camera-trap designs for photographing chest marks of the free-ranging Asiatic black bear, *Ursus thibetanus*. Mammal Study 38 (1): 35-39.
20) 増田 宏．2008．皇海山と足尾山塊．白山書房，279 pp., 東京.
21) 岡田敏夫．1988．足尾山塊の山．白山書房，383 pp., 東京.

22) 千葉徳爾．1973．はげ山の文化──「はげ山」が語る日本人の社会と生活．学生社，233 pp., 東京．
23) 武井弘一．2010．鉄砲を手放さなかった百姓たち──刀狩りから幕末まで．朝日新聞出版，256 pp., 東京．

[第 3 章]

1) 澤田誠吾・金森弘樹・金子 愛・小寺祐二．2009．島根県におけるツキノワグマの生息実態調査．Ⅱ．2000-2006 年度の生息環境，生息・被害・捕獲状況および捕獲個体分析．島根県中山間研究センター報告 5: 19-41.
2) 板垣 悟．2005．クマの畑をつくりました──素人，クマ問題に挑戦中．地人書館，182 pp., 東京．
3) Saito, M., Yamauchi, K., Aoi, T. 2008. Individual identification of Asiatic Black Bears using extracted DNA from damaged crops. Ursus 19 (2): 162-167.
4) 丸山哲也．2006．加害ツキノワグマの行動圏と電気柵設置に伴うその変化．野生鳥獣研究紀要 (32): 16-35.
5) 山﨑晃司．2011．行動──これまでの研究と新しい研究機材の導入によりみえてきたこと．pp. 119-153．坪田敏男・山﨑晃司（編）日本のクマ──ヒグマとツキノワグマの生物学．東京大学出版会，東京．
6) Poelker, R. J., Hartwell, H. D. 1973. Black Bear of Washington: Its Biology, Natural History and Relationship to Forest Regeneration. Biological Bulletin No. 14. Washington State Game Department, 180 pp., Washington.
7) Ziegltrum, J. G. 2004. Efficacy of black bear supplemental feeding to reduce conifer damage in Western Washington. Journal of Wildlife Management 68 (3): 470-474.
8) 渡辺弘之・小宮山章．1976．ツキノワグマの保護と森林への被害防除．Ⅱ．京都大学演習林報告 48: 1-8.
9) 桑畑 勲・山田文雄・堀野真一．1983．クマハギ被害の実態調査から．林業試験場関西支場年報 (25): 52-60.
10) Yamada, A., Fujioka, M. 2010. Features of planted cypress trees vulnerable to damage by Japanese black bears. Ursus 21 (1): 72-80.

11) 吉村健次郎・福井宏至. 1982. ニホンツキノワグマによる森林の被害と防除に関する研究——クマハギ被害の実態と樹皮に含まれる α-pineneに対するクマ類の反応について. 京都大学演習林報告 54: 1-15.
12) 吉田 洋・林 進・堀内みどり・羽澄俊裕. 2001. ニホンツキノワグマ(*Ursus thibetanus japonicus*)による林木剝皮と林床植生の関係. 日本林学会誌 83: 101-106.
13) 吉田 洋・林 進・堀内みどり・坪田敏男・村瀬哲磨・岡野 司・佐藤美穂・山本かおり. 2002. ニホンツキノワグマ(*Ursus thibetanus japonicus*)によるクマハギの発生原因の検討. 哺乳類科学 42 (1): 35-43.
14) 片平篤行. 2014. 動画撮影した親子グマによる人工林剝皮被害の分析. 群馬県林業試験場研究報告 18: 1-9.
15) Nagy, K. A. 1987. Field metabolic rate and food requirement scaling in mammals and birds. Ecological Monographs 57: 111-128.
16) 西真澄美・野崎英吉・八神徳彦・上馬康生・中田彩子. 2003. クマの食料としてのスギ形成層周辺部糖含有量について. 石川県自然保護センター研究報告 30: 43-47.
17) 松本弥生・金子 稔・木下浩幸・渡辺直明・亀山 章・古林賢恒. 2010. スギ, ヒノキへのクマ剝ぎ発生の要因. フィールドサイエンス 8: 9-16.
18) 羽澄俊裕. 2003. 林業の未来とツキノワグマの被害. 森林科学 39: 4-12.
19) 片平篤行. 2012. 空中写真を利用したツキノワグマによる人工林剝皮被害発生状況の把握. 群馬県林業試験場研究報告 (17): 37-45.
20) Kitamura, F., Ohnishi, N., Takayanagi, A. 2011. Comparison of noninvasive samples as a source of DNA for genetic identification of bark-stripping bears. Bulletin of FFPRI 10 (2): 93-97.
21) Kitamura, F., Ohnishi, N. 2011. Characteristics of Asian black bears stripping bark from coniferous trees. Acta Theriologica 56 (3): 267-273.
22) 吉田 洋・林 進・堀内みどり・羽澄俊裕. 2001. ニホンツキノワグマ(*Ursus thibetanus japonicus*)による林木剝皮と林床植生の関係. 日本林学会誌 83 (2): 101-106.

23) Yamazaki, K. 2003. Effects of pruning and brush cleaning on debarking within damaged conifer stands by Japanese black bears. Ursus 14 (1): 94-98.
24) Kimball, B. A., Nolte, D. L., Griffin, D. L., Dutton, S. M., Ferguson, S. 1998. Impacts of live canopy pruning on the chemical constituents of Douglas-fir vascular tissues: implications for black bear tree selection. Forest Ecology and Management 109: 51-56.
25) 谷地森秀二. 2000. 養豚場を襲ったツキノワグマ *Ursus thibetanus* ——栃木県藤原町の事例. 栃木県立博物館研究紀要——自然 17: 113-118.
26) 中下留美子・後藤光章・泉山茂之・林 秀剛・楊 宗興. 2007. 窒素・炭素安定同位体によるツキノワグマ捕獲個体の養魚場ニジマス加害履歴の推定. 哺乳類科学 47 (1): 19-23.
27) 中下留美子・鈴木彌生子・林 秀剛・泉山茂之・中川恒祐・八代田千鶴・淺野 玄・鈴木正嗣. 2010. 乗鞍岳畳平で人身事故を引き起こしたツキノワグマの食性履歴の推定——安定同位体分析による食性解析. 哺乳類科学 50 (1): 43-48.
28) 木村盛武. 1994. 慟哭の谷. 共同文化社, 179 pp., 東京.
29) ヘレロ, S. 2000. ベア・アタックス——クマはなぜ人を襲うか Ⅰ・Ⅱ. 北海道大学出版会, 521 pp., 札幌.
30) 日本クマネットワーク (編). 2011. 人里に出没するクマ対策の普及啓発および地域支援事業——人身事故情報のとりまとめに関する報告書, 日本クマネットワーク, 145+36 pp., 茨城.
31) 山﨑晃司・小池伸介・丸山哲也・橋本幸彦. 2011. 関東地方でのツキノワグマによる人身事故の概要と特徴. pp. 56-89. 日本クマネットワーク (編) 人里に出没するクマ対策の普及啓発および地域支援事業——人身事故情報のとりまとめに関する報告書. 日本クマネットワーク, 茨城.
32) 田口洋美. 2017. クマ問題を考える——野生動物生息域拡大期のリテラシー. 山と溪谷社, 223 pp., 東京.
33) Angeli, C. B. 2000. Death by a Asiatic black bear in Japan: a predatory attack? International Bear News 9 (3): 10-11.
34) 青井俊樹・藤村正樹. 2011. 東北地方でのツキノワグマの人身事故の概要. pp. 42-55. 日本クマネットワーク (編) 人里に出没する

クマ対策の普及啓発および地域支援事業人身事故情報のとりまとめに関する報告書．日本クマネットワーク，茨城．

35）小内信也・池田典昭・鈴木庸夫．1989．ツキノワグマに襲われ死亡した3症例．法医学の実際と研究 32: 277–281.（原著未見）

36）斎藤正一・大泉雅春．1995．山形県におけるニホンツキノワグマの捕獲数と食性．森林防疫 44（7）: 2–6.

37）日本クマネットワーク．2016．鹿角市におけるツキノワグマによる人身事故調査報告書．日本クマネットワーク，17 pp., 茨城.

38）Yamazaki, K. 2017. Consecutive fatal attacks by Asiatic black bear on humans in northern Japan. International Bear News 26（1）: 16–17.

39）岸元良輔．2011．甲信地方でのツキノワグマによる人身事故の概要と特徴．pp. 78–89．日本クマネットワーク（編）人里に出没するクマ対策の普及啓発および地域支援事業——人身事故情報のとりまとめに関する報告書．日本クマネットワーク，茨城.

40）釣り人社書籍編集部（編）．2016．熊！に出会った襲われた——その時クマはどうしたか？　超リアルな実録体験談．釣り人社，159 pp., 東京.

41）Yamazaki, K., Koike, S., Kozakai, C., Nemoto, Y., Nakajima, A., Masaki, T. 2009. Behavioral study of free-ranging Japanese black bears. I. Does food abundance affect the habitat us of bears? FFPRI Scientific Meeting Report 4 “Biology of Bear Intrusions”, pp. 60–63.

42）有本 勲・岡村 寛・小池伸介・山﨑晃司・梶 光一．2014．集落周辺に生息するツキノワグマの行動と利用環境．哺乳類科学 54（1）: 19–31.

43）Sakamoto, Y., Kunisaki, T., Sawaguchi, I., Aoi, T., Harashina, K., Deguchi, Y. 2009. A note on daily movement patterns of a female Asiatic black bear（*Ursus thibetanus*）in a suburban area of Iwate Prefecture, northeastern Japan. Mammal Study 34（3）: 165–170.

44）水谷瑞希・多田雅充・高畑麻衣子・高柳 敦．2007．福井県におけるツキノワグマの行動調査．Ⅰ．行動経過と集落等への接近事例．福井自然保護センター研究報告 12: 53–96.

[第4章]

1) 宗像 充. 2014. クマをめぐる“冒険（下)”. 望星 2014年1月号：73-80.
2) 大分県緑化推進課. 1988. 大分県祖母・傾山系で捕獲されたツキノワグマについての緊急調査報告書. 大分県緑化推進課, 54 pp., 大分.
3) 野生動物管理事務所. 1989. 環境庁委託事業報告書——昭和63年度九州地方のツキノワグマ緊急調査報告書. 野生動物管理事務所, 138 pp., 東京.
4) 大西尚樹・安河内彦輝. 2010. 九州で最後に捕獲されたツキノワグマの起源. 哺乳類科学 50 (2): 177-180.
5) 韓 尚勲. 2007. 朝鮮（韓）半島におけるクマ類の現状とツキノワグマの回復計画. pp. 101-104. 日本クマネットワーク（編）アジアのクマたち——その現状と未来. 日本クマネットワーク, 茨城.
6) 栗原智昭. 2010. 九州における2000年以降のクマ類の目撃事例. 哺乳類科学 50 (2): 187-193.
7) 宗像 充. 2013. クマをめぐる“冒険（上)”. 望星 2013年11月号：73-81.
8) 宗像 充. 2013. クマをめぐる“冒険（中)”. 望星 2013年12月号：76-84.
9) 中村秀次. 2014. 九州ツキノワグマの過去の生息情報と社会動向——土肥資料デジタル・アーカイブ化の現況と読み取れたこと. pp. 138-145. 日本クマネットワーク（編）「ツキノワグマおよびヒグマの分布域拡縮の現況把握と軋轢防止および危機個体群快復のための支援事業」報告書. 日本クマネットワーク, 茨城.
10) 加藤数功. 1958. 祖母傾山群に於ける熊の過去帳とかもしか. pp. 94-108. 加藤数功・立石敏雄（編）祖母大崩山群. しんつくし山岳会, 福岡.
11) 中島 茂. 1958. 上日向の動物. pp. 77-85. 祖母・傾自然公園開発促進協議会（編）祖母・傾. 祖母・傾自然公園開発促進協議会, 大分.
12) 碓井哲也. 2012. 高千穂・山の民の生活誌——木地師・熊・狼（みやざき文庫 86). 鉱脈社, 145 pp., 宮崎.

13) 菅野均志・平井英明・高橋 正・南條正巳．2008．1/100万日本土壌図（1990）の読替えによる日本の統一的土壌分類体系——第二次案（2002）——の土壌大群名を図示単位とした日本土壌図．ペドロジスト 52: 129-133.
14) 細野 衛・佐藤 隆．2015．黒ボク土層の生成史——人為生態系の観点からの試論．第四紀研究 54（5): 323-339.
15) 小池伸介．2014．土地利用の歴史から九州のツキノワグマの生息状況を推定する．pp. 146-147．日本クマネットワーク（編）「ツキノワグマおよびヒグマの分布域拡縮の現況把握と軋轢防止および危機個体群快復のための支援事業」報告書．日本クマネットワーク，茨城.
16) 熊本商科・短期大学探検部．1977．九州野生熊生息調査報告．Vulpes 5: 1-4.
17) 高橋春成・松下 裕．1980．祖母山－傾山周辺のツキノワグマ生息調査報告Ⅰ．Vulpes 8: 1-3.
18) 後藤優介．2014．踏査およびカメラトラップ現地調査報告．pp. 148-157．日本クマネットワーク（編）「ツキノワグマおよびヒグマの分布域拡縮の現況把握と軋轢防止および危機個体群快復のための支援事業」報告書．日本クマネットワーク，茨城.
19) Yasukochi, Y., Nishida, S., Han, S.-H., Kurosaki, T., Yoneda, M., Koike, H. 2009. Genetic structure of the Asiatic black bear in Japan using mitochondrial DNA analysis. Journal of Heredity 100: 297-308.
20) 佐藤重穂．2016．四国のツキノワグマの現状．SOS! 四国のツキノワグマ講演要旨集：3.
21) 山本貴仁．2016．絶滅か？ 石鎚山系のツキノワグマ．SOS! 四国のツキノワグマ講演要旨集：4.
22) 米田一彦．1996．山でクマに会う方法——これだけは知っておきたいクマの常識．山と溪谷社，196 pp., 東京.
23) 岡 藤蔵．1940．四国に於ける熊の分布．四不像（5): 34.
24) 金澤文吾・金城芳典・山﨑晃司・谷地森秀二．2004．四国剣山系における自動撮影装置を用いたツキノワグマの生態調査の試み．四国自然史科学研究 1: 33-41.

25) 山田孝樹. 2015. 四国のツキノワグマ調査報告——捕獲個体の交配関係を調べる. 四国自然史科学研究センター・ニュースレター (50): 8-9.
26) 山田孝樹. 2015. 四国のツキノワグマ調査報告——子グマの成長. 四国自然史科学研究センター・ニュースレター (48): 8-9.
27) 山田孝樹. 2016. 保護に向けた取り組み——四国のツキノワグマを知る. SOS! 四国のツキノワグマ講演要旨集 : 5.

[第 5 章]

1) Garshelis, D. L., Crider, D., van Manen, F. (IUCN SSC Bear Specialist Group). 2008. *Ursus americanus*. The IUCN Red List of Threatened Species 2008: e.T41687A10513074. http://dx.doi.org/10.2305/IUCN.UK.2008.RLTS.T41687A10513074.en. Downloaded on 13 August 2016.
2) 米田一彦. 1996. 山でクマに会う方法——これだけは知っておきたいクマの知識. 山と溪谷社, 196 pp., 東京.
3) 小金沢正昭. 1992. カプサイシン散布によるツキノワグマの養蜂被害防止の一例. 哺乳類科学 32 (1): 31-34.
4) 栗栖浩司. 2001. 熊と向き合う. 創森社, 157 pp., 東京.
5) 横山真弓・坂田宏志・森光由樹・藤木大介・室山泰之. 2008. 兵庫県におけるツキノワグマの保護管理計画及びモニタリングの現状と課題. 哺乳類科学 48 (1): 65-71.
6) 山﨑晃司. 2006. 第 17 回国際クマ会議を終えて. 哺乳類科学 46 (2): 225-230.
7) 吉田 洋. 2012. モンキードッグ——猿害を防ぐ犬の飼い方・使い方. 農文協, 125 pp., 東京.
8) 澤田誠吾・田戸裕之・藤井 猛・静野誠子・中村朋樹・金森弘樹. 2015. 西中国地域におけるツキノワグマ特定鳥獣保護管理計画の進展と課題. 哺乳類科学 55 (2): 283-288.
9) 韓 尚勲. 2007. 朝鮮 (韓) 半島におけるクマ類の現状とツキノワグマの回復計画. pp. 101-104. 日本クマネットワーク (編) アジアのクマたち——その現状と未来. 日本クマネットワーク, 茨城.
10) 山﨑晃司. 2000. IPAM 助成によるロサンゼルス郡立自然史博物館と共同でのクマ類に関する学校向け教育キットの開発について. 博物館研究 35 (10): 12-16.

[第6章]

1) 日本野生生物研究センター．1992．ツキノワグマ保護管理検討委員会報告書．日本野生生物研究センター，61 pp., 東京．
2) Yasukochi, Y., Nishida, S., Han, S.-H., Kurosaki, T., Yoneda, M., Koike, H. 2009. Genetic structure of the Asiatic black bear in Japan using mitochondrial DNA analysis. Journal of Heredity 100 (3): 297-308.
3) 山中正実・片山敦司・森光由樹・澤田誠吾・釣賀一二三．2015．クマ類の放獣に関するガイドライン．哺乳類科学 55 (2): 289-313.
4) 日本クマネットワーク（編）．2011．人里に出没するクマ対策の普及啓発および地域支援事業——人身事故情報のとりまとめに関する報告書．日本クマネットワーク，145+36 pp., 茨城．
5) ヘレロ，S. 2000．ベア・アタックス——クマはなぜ人を襲うか I・II．北海道大学出版会，521 pp., 札幌．
6) 加藤雅康・林 克彦・前田雅人・安藤健一・菅 啓治・今井 務・白子隆志．2011．クマ外傷の4例．日本救急医会誌 22: 229-235.
7) 玉置盛浩・山本一彦・下村弘幸・下村忠弘・山中康嗣・桐田忠昭．2007．ツキノワグマによる広範な顔面裂創の2例．日本口腔外科学会雑誌 53 (2): 732-735.
8) 田中宏和・宮澤英樹・林 清水・峯村俊一・倉科賢治・栗田 浩．2014．ツキノワグマに襲撃され広範囲な顔面裂創と下顎骨粉砕骨折をきたした2例．日本口腔外科学会雑誌 60 (10): 581-586.

博雅文庫 266

RE59

守護黑熊：和諧共存的保育之路

ツキノワグマ:すぐそこにいる野生動物

合作出版　五南圖書出版股份有限公司
　　　　　台灣黑熊保育協會
作　　者　山崎晃司
譯　　者　台灣黑熊保育協會
審　　定　黃美秀
台灣黑熊保育協會
理 事 長　黃美秀
祕 書 長　張晉豪
地　　址　220新北市板橋區中山路一段1號8樓
電　　話　(02)2381-8696
五南圖書出版
發 行 人　楊榮川
總 經 理　楊士清
總 編 輯　楊秀麗
副總編輯　王正華
責任編輯　張維文
封面設計　徐小碧
地　　址　106台北市大安區和平東路二段339號4樓
電　　話　(02)2705-5066　　傳　　真　(02)2706-6100
網　　址　https://www.wunan.com.tw
電子郵件　wunan@wunan.com.tw
劃撥帳號　01068953
戶　　名　五南圖書出版股份有限公司
法律顧問　林勝安律師事務所　林勝安律師
出版日期　2022年7月初版一刷
定　　價　新臺幣380元

國家圖書館出版品預行編目資料

守護黑熊：和諧共存的保育之路／山崎晃司著；台灣黑熊保育協會譯. -- 初版. -- 臺北市：五南圖書出版股份有限公司, 2022.07
面；　公分
譯自：ツキノワグマ：すぐそこにいる野生動物
ISBN 978-626-317-822-9（平裝）

1.CST: 熊科　2.CST: 野生動物保育

389.813　　111006330